精确制导技术应用丛书

→ → Aerodynamic Missile

飞航导弹

袁健全　田锦昌　王清华　孔　玉　韩孟孟　朱永锋　裴虎城　金玉花
王　潇　杨文华　杨令飞　胡英男　陈旭情　李　琰　陈海峰　方向国　　编著

国防工业出版社
·北京·

图书在版编目 (CIP) 数据

飞航导弹 / 袁健全等编著 . -- 北京：国防工业出版社, 2013.3
（精确制导技术应用丛书）
ISBN 978-7-118-08635-5

Ⅰ.①飞… Ⅱ.①袁… Ⅲ.①飞航导弹 Ⅳ.① TJ761.5

中国版本图书馆 CIP 数据核字 (2013) 第 032992 号

※

国防工业出版社 出版发行
（北京市海淀区紫竹院南路 23 号　邮政编码 100048）
国防工业出版社印刷厂印刷
新华书店经售

*

开本 710×1000　1/16　印张 10　字数 165 千字
2013 年 3 月第 1 版第 1 次　印刷 印数 1—20000 册　定价 45.00 元

（本书如有印装错误，我社负责调换）

国防书店：（010）88540777　　发行邮购：（010）88540776
发行传真：（010）88540757　　发行业务：（010）88540717

精确制导技术应用丛书

《飞航导弹》分册
编审委员会

主　任	蒋教平			
副主任	赵汝涛	李　陟	魏毅寅	付　强
委　员	齐树壮	苏锦鑫	白晓东	张天序
	朱平云	刘著平	袁健全	刘　波
	李天池	景永奇	刘继忠	姚　郁
	吴嗣亮	史泽林	陈　鑫	朱鸿翔
	刘逸平	肖龙旭	王雪松	武春风
	刘　忠	任　章	陈　敏	
秘　书	梁　波			

序 Prologue

飞航导弹以其命中精度高、毁伤效果好、附带破坏小、使用灵活、效费比高等特点得到世界各国的高度重视，已成为现代战争中"先发制人"、"防区外打击"和"零伤亡"战略的主要进攻性武器。

有矛必有盾。在飞航导弹高速发展的同时，应运而生的防御技术和装备也成为各国研究的热点和重点，其中电子干扰技术由于效果好、成本低而得到广泛使用。飞航导弹的飞行高度较低，地面和海面有足够的空间布置各式干扰装备，加之气象等自然条件影响，使飞航导弹的干扰环境十分复杂，对其生存能力和作战效能构成极大威胁。

提高对复杂战场环境的认识，了解各种制导体制的优劣，把握飞航导弹的使用特点，充分挖掘其潜能，趋利避害，扬长避短，可使飞航导弹在各种复杂战场环境中最大限度地发挥应有的作战效能。

"精确制导技术应用丛书"之《飞航导弹》分册共分五章：第一章从世界上首型飞航导弹——德国Ⅴ-1导弹入手，介绍飞航导弹在现代战争中的作用；第二章阐述飞航导弹的基本概念、工作过程及典型的飞航导弹装备；第三章介绍飞航导弹之"核心"——精确制导技术，对制导原理及应用特点进行了分析；第四章分析飞航导弹面临的复杂战场环境及其应对措施，并以丰富生动的作战案例对飞航导弹的作战运用进行剖析；第五章对未来飞航导弹及其精确制导技术的发展进行展望。《飞航导弹》分册由总装备部精确制导技术专业组、航天科工集团三院的部分专家及国防科技大学部分师生编撰而成。该书主要面向基层作战部队的广大官兵，书中内容深入浅出、图文并茂，战例生动活泼，具有实际意义。希望该书的出版能够得到广大官兵的喜爱，为广大官兵普及飞航导弹及其精确制导技术基本知识、提高使用技能起到积极推动作用。

2013 年 1 月

- 001　第一章　绪言
- 002　一、"黑色记忆"——德军 V-1 导弹震撼伦敦
- 004　二、飞航导弹是现代战争中的"主攻手"
- 009　三、飞航导弹作战运用的困扰和难题

目录 Contents

- 013　第二章　飞航导弹的基本知识
- 014　一、飞航导弹的系统组成
- 015　　　（一）动力系统
- 016　　　（二）制导控制系统
- 017　　　（三）弹体结构
- 018　　　（四）电气系统
- 018　　　（五）引信战斗部系统
- 019　二、飞航导弹的工作过程
- 024　三、飞航导弹分类
- 026　四、典型飞航导弹
- 026　　　（一）反舰导弹
- 033　　　（二）巡航导弹
- 039　　　（三）反辐射导弹
- 044　　　（四）空地导弹

051　第三章　飞航导弹的制导技术

- 052　一、飞航导弹的制导体制
- 053　二、飞航导弹制导技术的应用特点
- 053　　（一）射频制导
- 058　　（二）光学制导
- 066　　（三）多模复合制导
- 070　　（四）地形匹配制导
- 072　　（五）光学景象匹配制导
- 075　　（六）雷达景象匹配制导
- 077　三、不同制导体制的比较

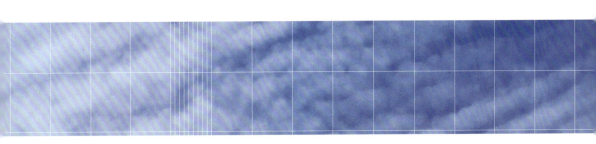

079　第四章　飞航导弹的作战运用

- 080　一、飞航导弹面临的复杂战场环境
- 081　　（一）对海攻击导弹面临的自然环境和人为干扰
- 090　　（二）对陆攻击导弹面临的自然环境和人为干扰
- 101　　（三）反辐射导弹面临的自然环境和人为干扰
- 103　二、飞航导弹适应复杂战场环境的技术措施
- 103　　（一）对海攻击导弹对复杂战场环境的适应性
- 109　　（二）对陆攻击导弹对复杂战场环境的适应性
- 114　　（三）反辐射导弹对复杂战场环境的适应性
- 115　三、飞航导弹适应复杂战场环境的战术措施

120　四、飞航导弹实战运用与启示

120　（一）越南战争中"百舌鸟"反辐射导弹的荣与辱
122　（二）中东战争中被干扰的"冥河"舰舰导弹
123　（三）英阿马岛战争中"飞鱼"力克大型军舰
127　（四）"草原烈火"行动中的"哈姆"首战"萨姆"
128　（五）利比亚战争中"捕鲸叉"飞跃"死亡线"，直击导弹巡逻艇
130　（六）两伊战争中角反射体对抗反舰导弹
131　（七）海湾战争中"斯拉姆"导弹"百里穿洞"
133　（八）海湾战争"幼畜"导弹大显神威
134　（九）海湾战争中巡航导弹"对症下药"，威震四方
136　（十）科索沃战争中陷于被动的"战斧"巡航导弹
137　（十一）伊拉克战争中的沙尘暴和烟雾致美英误伤
139　（十二）伊拉克战争中 GPS 干扰与 GPS 制导导弹的博弈

目 录
Contents

141　**第五章　发展前景展望**

142　一、需求牵引飞航导弹的发展

146　二、技术推动飞航导弹的发展

152　**参考文献**

第一章 绪 言

01

一、"黑色记忆"——德军 V-1 导弹震撼伦敦

二、飞航导弹是现代战争中的"主攻手"

三、飞航导弹作战运用的困扰和难题

一、"黑色记忆"——德军 V-1 导弹震撼伦敦

1944 年 6 月 14 日凌晨两点,一阵刺耳可怕的空袭警报声撕破了伦敦的夜幕,两个形状奇特、来路不明的飞行物出现在漆黑的夜空。这两个酷似飞机的"怪物"穿越英吉利海峡,从数千米高空俯冲地面并引起剧烈爆炸,爆炸声震耳欲聋。瞬间,展现在人们眼前的是爆炸的大坑、烧焦的碎片、倒塌的楼房和惨死的人群,眼前的一切引起了市民巨大的恐慌。这两个"不明飞行物",就是德国研制的世界上首型飞航导弹——V-1 导弹。

世界上第一枚飞航导弹
——德国 V-1 导弹

从第一枚飞航导弹落地至 1945 年 3 月，短短的几个月内，德国先后向伦敦和欧洲大陆一些地区发射 V-1 导弹 8000 余枚。此后，飞航导弹技术以惊人的速度发展。20 世纪 60 年代，飞航导弹被许多国家作为尖端武器收入武器库，并开始规模性地投入作战使用；20 世纪 70 年代以后，飞航导弹成为各国军队的常规装备，是陆、海、空三军远程作战的主要进攻性武器。

飞航导弹命中舰船目标

飞航导弹命中地面目标

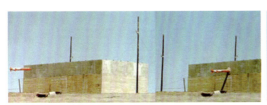

飞航导弹性能测试

二、飞航导弹是现代战争中的"主攻手"

飞航导弹具有射程远、精度高、威力大、成本低、攻击隐蔽性高、发射平台多样、作战使用灵活、便于控制作战规模等诸多优点，成为现代战争的主要毁伤手段和有效威慑战工具。飞航导弹不仅是支持军队打赢未来信息化局部战争的强大支柱，而且是促进和实现现代新军事变革的重要动因，已成为世界各大军事强国竞相发展的重要武器装备之一。

具体来说，飞航导弹在现代战争中的主要作用如下。

（1）飞航导弹是执行首轮纵深精确打击的最佳战区进攻性武器。飞航导弹在命中精度、成本、多平台机动发射等诸方面具有独特优势，已成为对高价值战略、战区目标执行首轮打击的最佳战区进攻性武器。1991年海湾战争伊始，美国就发射了52枚"战斧"巡航导弹，对伊拉克的总统府、国防部大楼、中央电台等战略目标进行外科手术式精确打击，极大地破坏了伊拉克的军事指挥系统，为后来的胜利奠定了坚实的基础。1998年，美国对伊拉克发动代号为"沙漠之狐"的军事行动，用400多枚各式飞航导弹彻底摧毁了伊拉克的防空力量，使得美国空军在巴格达上空如入无人之境。"沙漠之狐"行动仅仅用70h就实现预定目标，结束战斗，创造了人类军事史上的又一个经典战例。

（2）飞航导弹是进行主动性防御作战的有效武器。飞航导弹能从敌人的有效防御范围外发射，精确打击目标。采用釜底抽薪的战术，摧毁敌人置于发射架上的导弹、等待起飞的飞机和处于临战状态的坦克群，大大减轻了被动防御的压力。飞航导弹的这种作战模式改变了传统的被动防御思想和反空袭作战原则，将防御作战对象从敌方入侵飞机、导弹、坦克，扩展到敌机起飞的机场、导弹发射的阵地、坦克的集结地等。飞航导弹已成为一种攻防兼备、以攻为主的全新防御武器装备。

军用机场

导弹发射阵地

（3）飞航导弹是命中精度最高、单位成本最低的战略性武器。美国在 20 世纪 80 年代建成的"新三位一体"核战略力量体系中，巡航导弹（远程飞航导弹）被认为是单位成本最低的战略性武器。美国空射巡航导弹 AGM-86B

美国空射巡航导弹 AGM-86B

飞航导弹准确命中目标

美国"战斧"巡航导弹
BGM-109A

和"战斧"巡航导弹 BGM-109A 的命中精度达 30m，是携带 3 颗 335kt TNT 当量核弹头的"民兵"3 陆基洲际弹道导弹的 9 倍，与携带 10 颗 500kt TNT 当量核弹头的"和平保卫者"MGM-118A 弹道导弹的有效毁伤能力基本相当。每枚巡航导弹平均造价却只有上述弹道导弹的 1/50，重量和体积也分别只为 1/70 和 1/15。

（4）飞航导弹是兼有遏制作用和精确打击双重功能的常规威慑力量。与核威慑力量相比，常规威慑力量的最大特点是兼有遏制作用和精确打击

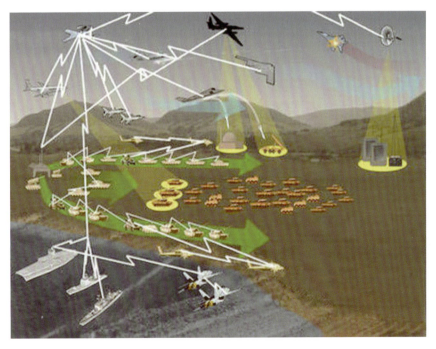

陆海空天一体防御体系

双重威慑功能,即在未来高技术战争中它应既能遏制战争升级、防止事态恶化,又能在威慑失效时,立刻可以对敌方某些高价值严密设防的战略、战役目标进行适时有效的精确打击。

美军计划在15年内将逐渐采用常规武器代替核武器发挥遏制作用。五角大楼为国会提供的核政策报告中说,"新三位一体"遏制手段将由地面、海上和空中战略核力量外加国家导弹防御系统和高精度打击武器组成。飞航导弹作为高精度打击武器具有十分重要的作用。

(5)飞航导弹是未来信息威慑战的主要"硬"杀伤手段。信息威慑战把摧毁敌C^4ISR系统作为实施信息威慑的主要目标之一。新型多用途远程飞航导弹能够以最小的伤亡和附加破坏作用达到预期军事目的,兼有诱骗、信息威慑和火力攻击等多重功能,且能在目标区上空进行较长时间的巡逻飞行,美国"战斧"Block4巡航导弹是典型代表。飞航导弹可以有效攻击敌指挥控制中心、预警雷达、通信系统、计算机网络等指挥控制系统,成为执行信息战略进攻任务的主要"硬"杀伤手段。

(6)飞航导弹精确打击武器是新军事变革的基石。海湾战争标志着传统的作战模式趋于结束,高技术信息化战争模式初见端倪,信息化装备成为军事力量的倍增器和战争胜利的重要基础。飞航导弹精确打击武器是信息化战争的主要毁伤手段和有效威慑工具,是支持打赢

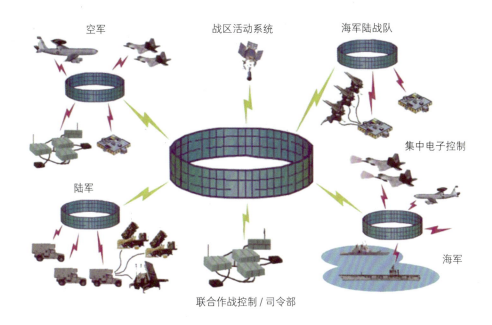

美军 C^4ISR 技术政策与体系结构

未来信息化局部战争的重要支柱,也是促进和实现新军事变革的重要动因。

三、飞航导弹作战运用的困扰和难题

  在第三次中东战争、越南战争、英阿马岛战争、伊拉克战争、科索沃战争等历次局部战争中,参战的飞航导弹战绩卓著、战功显赫。飞航导弹逐渐成为实施全天候、全天时、全空域、全程覆盖精确打击的主战武器装备。然而,有矛必有盾,有攻必有守,各军事强国在发展进攻型导弹的同时,也在大力研究相对应的防御措施。"人为干扰"作为对抗导弹进攻的主要手段之一,具有效果好、使用成本低等特点,被世界各国广泛应用。由于飞航导弹打击的目标大多位于地面或海面,而地面和海面有足够的空间布置大量的干扰装备,因而飞航导弹会面临十分复杂的干扰环境。

各种人为干扰

　　由于飞航导弹在大气层内飞行,而大气层内的气象(雨、雪、雾、台风、沙尘暴等)、气候(春、夏、秋、冬)、地理(高山、海洋、丘陵、平原等)等环境因素差异很大,并且很多环境因素复杂多变,给飞航导弹的制导系统产生负面影响,降低导弹的作用距离和命中精度,削弱打击效能。因此,战场上的环境复杂多变,有效战机稍纵即逝。"环境因素干扰"是飞航导弹必须克服的主要障碍之一。

飞航导弹的全天候、全天时作战能力受到了世界各国的高度重视。飞航导弹的全天候、全天时作战能力是指飞航导弹在任何气象条件下和任何时间都能够投入战斗的能力。其中,全天候作战能力,要求飞航导弹能在各种气候变化(春、夏、秋、冬)和各种气象条件(晴、阴、雨、雪、雾)下准时发射,精确击中目标;全天时作战能力,要求飞航导弹在一天的任

各种环境因素干扰

何一个时间里接到命令后便能立即发射，准确打击目标。

　　当前技术条件下，导弹对环境的适应能力主要表现在制导系统上。制导系统使用电磁波与环境交换信息，最容易受到人为干扰的攻击和自然环境的影响。因而本书在介绍飞航导弹概念、组成和功能等知识的基础上，讨论了飞航导弹制导系统对人为干扰和自然环境的适应性问题。

第二章　飞航导弹的基本知识

02

一、飞航导弹的系统组成

二、飞航导弹的工作过程

三、飞航导弹分类

四、典型飞航导弹

一、飞航导弹的系统组成

　　飞航导弹是指采用火箭发动机或吸气式发动机作为动力，依靠弹体（包括弹翼等）产生的空气动力及发动机的推力，主要在大气层内、沿着机动可变的弹道飞行的导弹。飞航导弹一般由动力系统、制导控制系统、弹体结构、电气系统和引信战斗部系统等五大部分组成。

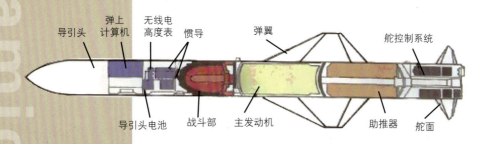

法国"飞鱼"反舰导弹系统组成图

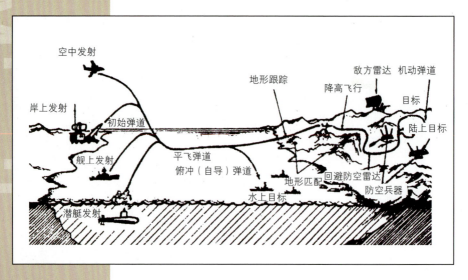

飞航导弹攻击弹道示意图

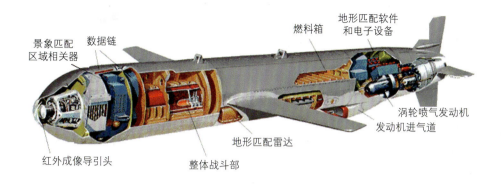

美国"战斧"巡航导弹内部剖面示意图

（一）动力系统

动力系统通常由主发动机和助推器等组成。主发动机一般采用涡喷发动机、涡扇发动机、冲压发动机、火箭发动机等类型，是飞航导弹飞行的主要动力来源。助推器一般采用火箭发动机，主要应用于地面、舰船或潜

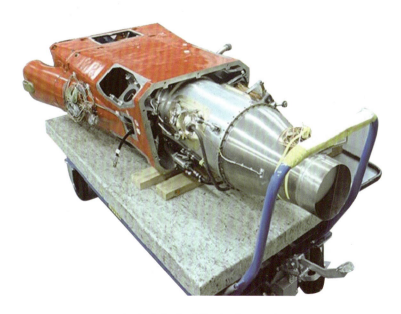

德国"金牛座"导弹发动机

艇发射的飞航导弹以及飞机发射的超声速飞航导弹，它可以使导弹的速度和姿态满足主发动机的工作条件。另外，采用吸气式发动机和液体火箭发动机的动力系统还包含燃油系统。

（二）制导控制系统

制导控制系统是导弹的神经中枢，一般由导引头、惯导系统（自动驾驶仪）、综控机、高度表、舵系统等组成。系统的主要任务是确保导弹按照既定的姿态、航线飞行，并根据导

导引头

雷达高度表

惯性制导部件

（三）弹体结构

弹体结构主要包括弹身、弹翼、尾翼等，其主要作用是将弹载设备集成为一个整体，并承载导弹飞行过程中的载荷。为了使导弹具有良好的气动性能和飞行性能，弹体必须要具有良好的空气动力外形。导弹在发射、飞行、运输过程中都会受到很大的载荷作用，如振动、冲击、推力、气动力等。因此，弹体要有足够的强度和刚度，确保在正常使用时不会遭到破坏，飞行中的结构变形不超过允许值。

（四）电气系统

电气系统包括弹上电缆网、电气控制设备等，主要用于弹上设备的供电控制和信号传输。弹上电缆网是导弹电气系统密不可分的一部分，它是全弹信息流的载体，又是全弹协调工作的基础，通过电缆网实现全弹电能的馈送、测量和控制信号的传输。电气控制设备是弹上电气系统的"中枢"，控制弹上电源向各个分系统供电的时机、电压的高低和电流的大小等。

（五）引信战斗部系统

引信战斗部系统是导弹的有效载荷，用于对目标进行毁伤，由装填物、壳体、引信和传爆序列等部分组成。装填物是破坏目标的能源，

战斗部外形图

飞航导弹的装填物主要是炸药，作用是将本身储藏的化学能通过化学反应释放出来，形成破坏各种目标的能量；壳体是装载装填物的容器，同时也是连接战斗部其他零部件的基体；引信是适时引爆战斗部的引爆装置；传爆序列是一种能量放大器，其作用是把发火控制系统输出的激发信号加以转换和放大，转变为爆炸波或火焰，并把这种起始能量逐级放大直至引爆战斗部里的炸药。

德国"金牛座"导弹战斗部及其引爆过程图

二、飞航导弹的工作过程

飞航导弹的典型工作过程可以分为发射、自控飞行和导引攻击三大阶段。

飞航导弹发射前主要进行射前检查、惯性导航系统初始对准及射击诸

发射中的美国低成本联合攻击弹药

地面车辆发射

战舰上发射

水下发射

发射中的美国"战斧"巡航导弹

元（射击参数）的计算与装订等工作。地面和舰船发射一般采用助推器助推发射形式，空中发射视导弹质量大小采用投放发射或弹射发射等方式。

导弹发射后转入自控飞行阶段。弹上综控机综合导弹姿态、位置、速度以及飞行高度等信息，形成舵系统控制指令，控制舵面偏转，使导弹维

飞行中的法国"海斯卡耳普"导弹

飞行中的法国"飞鱼"导弹

持稳定的姿态，按预定的航线飞行。对于早期的飞航导弹，综控机和惯导系统的功能由自动驾驶仪替代。由于自动驾驶仪不能测量位置信息，因此早期的导弹不能进行位置控制，仅能进行姿态控制。

当导弹飞行到预定的位置或时间后，进入导引攻击阶段，导引头开机，开始搜索、捕获目标，并对目标进行稳定跟踪。综控机根据导引头提供的目标、角度、角速度等导引信息，发出控制指令控制导弹飞向目标，当导弹飞抵

美国联合防区外空地导弹飞抵目标

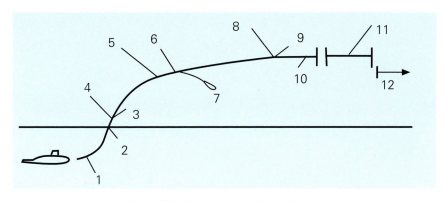

水下发射的"战斧"巡航导弹工作过程示意图

1—助推器点火； 2—弹头出水； 3—抛掉密封套，尾翼展开；
4—抛掉进气口盖，打开翼槽堵盖； 5—助推器燃完； 6—进气口弹出；
7—助推器分离； 8—弹翼展开； 9—到达弹道最高点； 10—涡扇发动机达到额定推力； 11—水平飞行； 12—转向目标。

美国联合防区外空地导弹飞抵并摧毁目标的过程

目标时，弹上引信系统工作，引爆战斗部，摧毁打击目标。

巡航导弹属于远程精确打击武器，末段导引攻击过程较为复杂。一般是导弹飞抵预定的区域后，弹载平台安装的下视光学系统采集地面景象信息，与预存的图像信息进行对比（即进行下视景象匹配），得到导弹的精确位置，并对弹道偏差进行修正，之后导弹在惯性控制系统控制下打击目标。新一代巡航导弹既采用了下视景象匹配制导，又采用了末段寻的制导，打击精度更高，作战使用更加灵活。

三、飞航导弹分类

　　根据实际作战需要和战略意图的不同，人们研制出了各种不同种类的飞航导弹。按作战任务的不同，飞航导弹可分为战役导弹和战术导弹等；按发射点和目标位置的不同，可分为舰舰导弹、岸舰导弹、空舰导弹、潜舰导弹、地地导弹、潜地导弹、空地导弹、舰地导弹等；按飞行速度的不同，可分为低速导弹、亚声速导弹、高亚声速导弹、超声速导弹、高超声速导弹等；按飞行高度的不同，可分为地效导弹、掠海导弹、超低空导弹、低空导弹、中空导弹、高空导弹、超高空导弹等。

　　习惯上常把飞航导弹分为反舰导弹、巡航导弹、反辐射导弹、空地导弹等。按照目标位置的不同，通常又概括为对陆攻击导弹和对海攻击导弹。

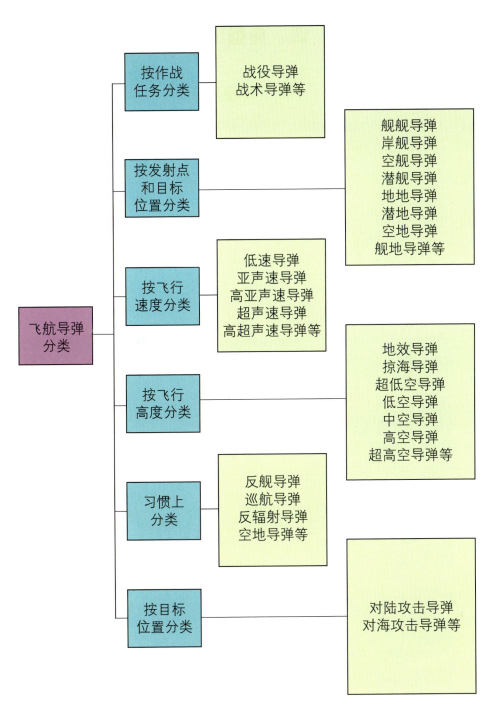

飞航导弹分类

四、典型飞航导弹

（一）反舰导弹

反舰导弹是指用于攻击水面舰船目标的飞航导弹，包括舰舰、潜舰、空舰和岸舰导弹。反舰导弹具有射程远、可掠海飞行、命中概率高、威力大等特点，是现代战争中攻击水面舰艇的主要武器。反舰导弹通常使用半穿甲爆破型战斗部，以固体火箭发动机为动力装置，采用自控飞行、自主制导，当导弹进入攻击末段，

外军作战舰艇

航母编队目标

未制导系统开机自动搜索、捕捉目标,并引导导弹高精度攻击目标。

第二次世界大战以后,反舰导弹的出现,给大型作战舰艇带来了严重威胁。许多国家(包含不少发展中国家)相继实现了海军装备的导弹化,反舰导弹形成了独自的装备体系,因而彻底改变了过去那种以舰炮为主的作战模式,开创了以反舰导弹为主战武器的远距、精确、快速、有效打击的海战新格局。在第二次世界大战期间,德国人曾经使用过一种无线电制导的滑翔炸弹对战舰进行攻击。不过,较为公认的反舰导弹首次成功的战例,是第三次中东战争中埃及首次使用"冥河"反舰导弹击沉了以色列的"艾拉特号"驱逐舰。目前典型的反舰导弹有美国的"捕鲸叉"、法国的"飞鱼"、俄罗斯的"马斯基特"等。

1. "捕鲸叉"反舰导弹

美国研制的"捕鲸叉"系列反舰导弹,分为机载型(代号AGM-84)、舰载型(代号RGM-84)和潜载型(代号UGM-84)。基本型为舰载型,1971年开始研制,1977年批量装备部队。经过多次改进升级后,

该导弹性能得到很大提升,达到世界领先水平,曾出口到十多个国家,目前全世界约有300多艘军舰装备"捕鲸叉"导弹。

舰载型"捕鲸叉"反舰导弹的主要指标为:

导弹长度	4.74m
导弹直径	0.343m
巡航马赫数	0.75
射程	100km
发射重量	682kg

"捕鲸叉"导弹具有垂直跃升/俯冲攻击和掠海水平攻击两种打击方式。"捕鲸叉"Block1导弹装备德州仪表公司的PR53/DSQ28主动单脉冲、宽带频率捷变雷达导引头,该导引头先后四次改进升级,可以重新捕获丢失的目标,具有较强的抗干扰能力;"捕鲸叉"Block2导

停泊在港口的船只

弹除能攻击海上舰船目标外,还能攻击岸防部队、停泊在港口的船只、雷达和导弹阵地、油库等重要目标,命中精度为10m,加装数据链后能在飞行中与指挥系统交换目标数据,能在舰船稠密的海域中捕获预选的目标,可以修改弹上雷达导引头的搜索图,最大限度降低地面干扰的影响。"捕鲸叉"Block2导弹导引头改进后,采用相参接收技术,实现边跟踪边扫描,具有一定程度的目标识别能力。

美国"捕鲸叉"反舰导弹

2. "飞鱼"反舰导弹

法国的"飞鱼"反舰导弹已成系列,包括MM38、AM39、MM40、SM39等。"飞鱼"MM38导弹于1967年开始研制,1972年定型,是西方国家最早服役的反舰导弹,成功地将尺寸小、重量轻、掠海飞行和全天候攻击能力等诸多优点集于一身。SM39导弹的搜索方式可由三种不同距离、长度和深度进行组合,具有27种不同的搜索方式,并采用优先程序识别技术,使导弹具备了更强的选择捕捉目标的能力。

"飞鱼"MM40导弹采用主动雷达导引头。当目标在雷达导引头视距内时,导弹直接用雷达导引头探测和跟踪;而当目标在雷达导引头视距外时，则用中继站进行目标探测和跟踪。中继站通常采用直升机，也可用其他飞机、水面舰艇或陆上雷达。中继站一般装有一部跟踪雷达、一台用于数据传输的超高频/甚高频无线电收发机、一个陀螺罗盘和一台应答机。当遇到干扰时，导弹可采用折线航路飞行和搜索目标的方式规避干扰，具有再攻击能力。另外，MM40导弹增加了多目标选择攻击能力，使导弹具备一定的编队目标识别能力。

"飞鱼"MM40反舰导弹主要指标如下：

导弹长度	5.78m
导弹直径	0.35m
射程	70km
巡航马赫数	0.93
发射重量	855kg

法国"飞鱼"反舰导弹

为了适应战场环境的变化,"飞鱼"MM40 导弹在提高电子抗干扰能力方面也进行了改进,出现了 MM40 Block2 型导弹。作战期间,它能根据海情状况自动选择最低的掠海飞行高度,大大提高了导弹的突防能力;末段飞行期间,为了对抗舰艇的防御,导弹可进行随机机动飞行;导弹齐射时可以从不同方向到达目标。

"飞鱼"MM-40 Block2 型舰舰导弹

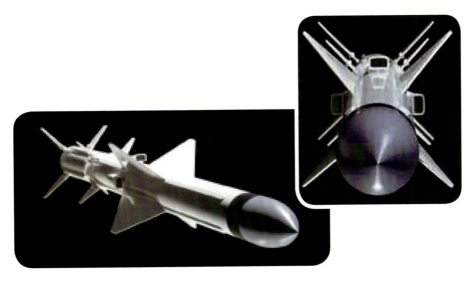

"飞鱼"MM-40 Block3 型舰舰导弹

3. "马斯基特"反舰导弹

"马斯基特"（SS-N-22）反舰导弹是世界上第一种成功装备的超声速舰舰导弹，其主要作战目标是大中型水面舰艇。在世界舰舰导弹的大家族中，其战术技术性能是一流的，是一种很难被防御和拦截的导弹。

"马斯基特"反舰导弹主要指标如下：

导弹长度	9.745m
导弹直径	0.76m
射程	250km（高空弹道）
	150km（低空弹道）
巡航马赫数	2.3
发射重量	3950kg

"马斯基特"（SS-N-22）导弹采用惯导加主/被动雷达复合制导的方式。导弹在巡航段采用惯性制导，用无线电高度表控制巡航高度。当导弹进入目标区的末制导阶段，可按预编程进行S型机动和跃升飞行，并俯冲攻击。

超声速飞行大大增加了导弹的突防能力和破坏效果。如果导弹以小于10m的飞行高度接近目标，则目标舰艇的视线距离仅有20km左右；若导弹以700m/s的速度飞行，那么从被发现到击中目标的时间最多不过30s，这对防御来说是极其困难的。另外，以700m/s超声速飞行的动能大约是亚声速飞行的5倍，其毁伤效果也将极大提高。

俄罗斯"马斯基特"反舰导弹

（二）巡航导弹

巡航导弹具有射程远、突防及生存能力强、命中精度高、威力大等优点，是现代战争中不可缺少的远距离精确制导攻击武器。巡航导弹在现代战争中的地位和作用越来越重要，甚至已经成为现代战争的标志。在海湾战争、科索沃战争、伊拉克战争以及阿富汗战争中，巡航导弹频频亮相，凭借其精确而猛烈的打击能力，取得了一个又一个的成功。远距离、大纵深、高精度、大威力的巡航导弹，已成为世界军事强国实施军事威胁的主要手段。

1. "战斧"巡航导弹

巡航导弹的典型代表是美国的"战斧"巡航导弹。美国于1972年开始研制的"战斧"巡航导弹，是一种多平台发射、兼有战略和战术双重作战能力的多用途导弹。包括基本型和改进型在内，先后发展了BGM-

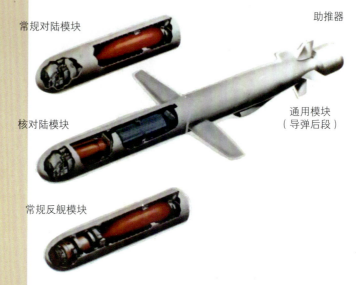

"战斧"导弹的模块化结构

（导弹后段模块是各型通用模块；前段模块
随型号不同，内部设备互不相同）

美国"战斧"巡航导弹

109A、BGM-109B、BGM-109C、BGM-109D、BGM-109E、BGM-109F、BGM-109G 和 AGM-109C、BGM-109H、BGM-109I、BGM-109J、BGM-109L 等共 12 个型号。其中 BGM-109A 和 BGM-109G 是带核战斗部的战略巡航导弹，BGM-109B 和 BGM-109E 是常规反舰型导弹，而 BGM-109C、BGM-109D 和 BGM-109F 是常规对陆攻击型导弹。

"战斧" BGM-109C 巡航导弹的主要指标如下：

导弹长度	6.24m
导弹直径	0.527m
射程	约 1200km（舰射型）
	约 900km（潜射型）
巡航马赫数	0.72
巡航高度	7m~15m
发射重量	1.45t

"战斧" BGM-109C 攻击的目标是地方海军航空兵基地、指挥中心、近海警戒雷达站、防空导弹阵地以及桥梁、隧道、油库等高价值战场目标，

试验中的"战斧"巡航导弹

因而要求它比"战斧"BGM-109A 具有更高的命中精度。"战斧"BGM-109C 选用了数字式景象匹配区域相关器（DSMAC）作末制导。

"战斧"巡航导弹性能优越、指标先进，在历次战争中大显身手。1991 年 1 月 17 日凌晨，多国部队使用"战斧"巡航导弹拉开了海湾战

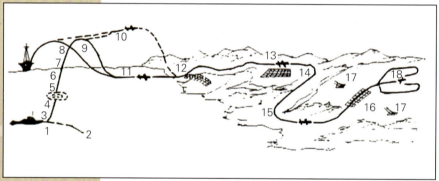

潜射"战斧"导弹飞行弹道

1—鱼雷发射管出口； 2—随后将保护箱抛入海底； 3—拉索张紧启动弹上联锁装置； 4—导弹上仰； 5—导弹以 50°的倾斜角爬升到水面； 6—导弹出水后抛掉水密装置、尾翼展开，并进行转动控制； 7—弹翼展开、助推器脱落，尾翼开始进行俯仰和偏航控制，雷达高度表开始工作； 8—进气口弹出，涡扇发动机启动； 9—导弹达到发射段的弹道最高点、涡扇发动机达到额定推力； 10—海上高弹道飞行； 11—海上低弹道飞行； 12—导弹初见陆地、地形匹配进行首次修正； 13—飞行中途地形匹配修正； 14—避开敌方的防空系统，进行转弯飞行； 15—进行地形回避和地杂波抑制； 16—末段修正； 17—敌方的防空阵地； 18—目标。

争的序幕。接连发射的数十枚"战斧"巡航导弹，对巴格达的总统府、国防部大楼、指挥通信中心等最高决策指挥机构进行攻击，最大限度地削弱和破坏了伊拉克当局对战争全局的统一组织指挥，摧毁和破坏了巴格达集中控制下的综合防空系统及其供电系统，使伊军因缺乏电源而导致通信联络中断、指挥失灵。巡航导弹使伊军整个防空体系在战争一开始就陷入了瘫痪状态，美军的轰炸机、战斗机得以在伊拉克长驱直入。

2. 空射巡航导弹

AGM-86A、AGMB、AGMC 是美国波音公司先后研制的三型空射巡航导弹，AGM-86A 是在亚声速武装诱饵弹（SRAM）的基础上研制的一种空地战略巡航导弹，装备 B-52G 轰炸机。

AGM-86A 空射巡航导弹主要战术技术指标如下：

导弹长度	4.27m
导弹直径	0.693m
射程	1200km
巡航马赫数	0.66
巡航高度	15m
发射重量	0.86t

空射巡航导弹 AGM-86A 制导系统采用了地形匹配辅助惯性导航系统（TAINS），该系统由麦道公司研制的 AN/DSW-15 地形匹配系统（TERCOM）和利登公司生产的 LN-35 惯导设备联合组成。巡航段导弹按预先装定的控制方案，在离地 50m~100m 的高度上，沿预定弹道进行程序飞行。离目标约 90km 时，导弹再次下降至离地 15m 左右，从目标的正面、侧面甚至绕飞至其后方进行跃起俯冲攻击。

AGM-86A 的设计初衷主要是用于攻击苏联内地战略目标。美国认为，按苏联未来国土防空力量和岸基航空兵的拦击能力，B-52G 轰炸机必须在离苏联国土 640km 以外的地方发射导弹才能保证自身安全。而苏联大部分战略目标均分布在离国境线 1000km~1500km 以远的内陆地区，因此，射程小于 1500km 的 AGM-86A，只能覆盖边境地区上的目标，难以对苏联的内陆地区目标构成威胁。为充分发挥 AGM-86A 的作战能力，美国提出"突防攻击"战术，将 AGM-86A、AGM-69 近程攻击导弹

AGM-86A

AGM-86B

AGM-86C

美国空射巡航导弹

和核炸弹一起混装于同一架飞机，在进入苏联防空力量有效防御半径前先用 AGM-86A 进行突防性打击，摧毁边境地区防御系统，然后再飞抵内地目标区依次投放 AGM-69 和核炸弹。

（三）反辐射导弹

反辐射导弹又称反雷达导弹，主要用于防空压制作战，是制电磁权争

地面雷达

夺战中重要的硬杀伤武器。反辐射导弹一般采用被动雷达制导,利用敌军防空武器系统中的雷达或其他辐射源发出的电磁波,发现、跟踪并摧毁射频辐射源目标。通过摧毁各类地空导弹制导雷达和警戒、引导雷达,压制敌电子侦察、干扰系统及各类地面防空兵器和预警指挥系统,保证作战飞机安全地执行作战任务,为夺取制空权创造有利的条件,打开空中进攻的大门。

自越南战争首次使用以来,反辐射导弹经过了中东战争、英阿马岛战争、两伊战争、海湾战争、科索沃战争和伊拉克战争等局部战争的大量检验。事实证明,反辐射导弹不仅可以在战争初期摧毁或压制敌军防空系统,为有效突防创造有利条件,而且能以较小的代价取得较大的战争优势。随着新军事变革的推进,反辐射导弹不再单纯作为传统的突防武器,而且还将成为打击空中预警平台的有力武器。

1. "百舌鸟"反辐射导弹

世界上最早的反辐射导弹是美国1964年装备使用的"百舌鸟"导弹,它也是世界上第一次用于实战的反辐射导弹,代号为AGM-45A。"百舌鸟"反辐射导弹最初是针对苏联在古巴设置的防空体系而研制的,主承包商是得克萨斯仪器公司(现属雷锡恩公司)。"百舌鸟"反辐射导弹1963年研制成功,1964年10月开始服役,1965年投入越南战场,并发挥了重要作用。到1981年停产时,"百舌鸟"反辐射导

美国"百舌鸟"反辐射导弹

弹已经发展成包括20多种改型的大系列，累计生产数量高达25220枚，除了装备在美国空军和海军，还出口到英国和以色列等国家。"百舌鸟"导弹在1982年以色列与叙利亚进行的贝卡谷地空战、1986年美国袭击利比亚和1991年海湾战争中都得到使用，并取得了良好的作战效果。

2. "标准"反辐射导弹

AGM-78"标准"反辐射导弹是为弥补"百舌鸟"导弹的缺陷，应对新威胁和满足越战需要而研制的第二代反辐射导弹。它由美国通用动力公司于1966年开始研制，1967年开始飞行试验，1968年研制成功并投入批生产。截止到1978年最后一个型号停产时，"标准"反辐射导弹已经形成了包含AGM-78A、AGMB、AGMC、AGMD等7个型号在内

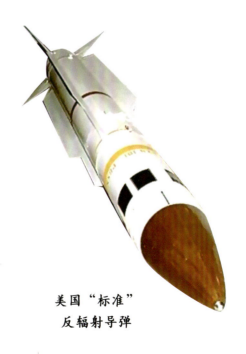

美国"标准"反辐射导弹

的空地反辐射导弹系列，它们只是在使用的导引头上有区别。其中 AGM-78A 使用德克萨斯仪器公司为"百舌鸟"导弹 AGM-45A 研制的导引头，AGM-78B、AGM-78C、AGM-78D 各型使用麦克逊电子公司研制的宽频带导引头，该导弹曾在 1970 年越南战争和 1982 年以色列攻击贝卡谷地等作战行动中实战使用。

3. 第三代反辐射导弹

第三代反辐射导弹是 20 世纪 80 年代以后服役的导弹，主要型号有：美国的"哈姆"和"默虹"、英国的"阿拉姆"、法国的"阿玛特"和苏联的 AS-9。除上述空射反辐射导弹外，以色列还于 1982 年研制成功地地型"狼"式反辐射导弹，并在黎巴嫩战场投入使用。

"哈姆"导弹历经 10 年研制成功，于 1983 年装备使用，采用宽带被动雷达导引头，主要装备海空军战斗机、攻击机和轰炸机。"哈姆"导弹在几次实战中表现出了极好的作战性能，1 枚"哈姆"导弹相当于 9 枚"百舌鸟"和 5 枚"标准"反辐射导弹，主要装备海空军战斗机、攻击机和轰炸机。

4. 反辐射导弹的经典战例

1991 年 1 月 17 日凌晨，以美国为首的联军在"沙漠风暴"行动之前开始了代号为"白雪行动"的摧毁性电子战。数十架 EA-6B、F-4G、EF-111 和"海盗"等攻击机和电子战飞机携带"哈姆"、"阿拉姆"、"百舌鸟"、"默虹"反辐射导弹乘虚而入,彻底摧毁了巴格达地区的机场雷达、防空导弹的火控雷达等射频辐射源。在42天的战争中,多国部队共发射了1000多枚反辐射导弹,摧毁了伊军95%以上的雷达和电子设备,使50多个地空导弹阵地无法工作,对确保多国部队空中兵力的生存能力和提高空袭作战效能发挥了极为重要的作用。

反辐射导弹不仅在海湾战争中发挥了重要作用,在美利冲突中也大显身手。1986年3月24日晚,美国海军两架A-6E攻击机从位于地中海的"萨拉托加"号航空母舰上起飞,直抵利比亚锡德拉湾海岸的"萨姆"-5地空导弹发射阵地,连续发射2枚"哈姆"导弹将其火控制导雷达全部摧毁,消除了对美海军航空兵的威胁。1986年4月15日凌晨,美国又出动飞机对位于的黎波里和班加西的5个利比亚境内目标,进行了"外科手术式"空袭和轰炸。开战前,美国EF-111和EA-6B电子战飞机成功地对预定目标实施有效的电子压制之后,30余枚"百舌鸟"

美国"哈姆"反辐射导弹

反辐射导弹和"哈姆"反辐射导弹破空而出，摧毁了利比亚 5 处雷达站。

（四）空地导弹

空地导弹是从飞机上发射的用于攻击地面目标的飞航导弹，是航空兵进行空中突击的主要武器之一。空地导弹打击精度高、机动性强，具有从敌方防空武器射程之外发射的能力，可以减少地面防空火力对其载机的威胁。

早期的空地导弹使用有线或无线指令传输的指令制导方式。导弹发射后，载机不能撤离战区，要继续在战区飞行直到导弹命中目标。这一代导弹以美国无线电指令制导的"小斗犬"较为典型，但其不足是载机安全性差、导弹精度低。

第二代空地导弹主要对制导系统进行了改进，采用电视、红外成像与激光制导，某些远程导弹还装有惯性中制导与数据传输系统，使导弹具有发射后锁定目标和远程控制能力。美国"幼畜"导弹是第二代空地导弹的典型代表，该导弹按模块化多用途设计原则，能换装电视、激光与红外等多种导引头，能配装不同的战斗部，可以攻击舰船、坦克、桥梁和地面建筑等多种目标。同类型的导弹还有法国的 AS-30L 导弹，美国的"斯拉姆"、AGM-130，德国的"金牛座"KEPD 350 导弹等。

美国 JASSM 联合防区外空地导弹

美国海军战斗机携带 JASSM 空地试验弹降落

1. "幼畜"空地导弹

"幼畜"AGM-65 空对地导弹主要用于打击陆上静止的或机动的坚固目标,如坦克、桥梁、掩体等。"幼畜"AGM-65A 型导弹采用全程电视制导,其电视导引头是由"白星眼"AGM-62 滑翔制导炸弹的电视导引头改进而成,射程为 3km。"幼畜"AGM-65B 型导弹也是采用电视制导,射程为 3km,主要改进了电视导引头光学系统,使驾驶员可看到更远的目标。"幼畜"AGM-65C、AGM-65E 型导弹是激光制导导弹,采用了洛克韦尔国际公司研制的半主动激光导引头,射程为 20km。"幼畜"AGM-65D、AGM-65F、AGM-65G 型导弹均采用了红外成像导引头,其中,AGM-65D 的射程为 20km,AGM-65F、AGM-65G 的射程为 25km。

1972 年下半年,"幼畜"AGM-65A 导弹首次在越南战争中使用,用 F-4 飞机发射了 18

枚导弹，13枚命中目标。1973年的第四次中东战争期间，美国紧急向以色列提供了400枚"幼畜"AGM-65A导弹。1991年的海湾战争中，盟军差不多每天发射100枚"幼畜"导弹，总计发射了5100枚。其中"幼

美国"幼畜"导弹

畜"AGM-65A、AGM-65B 型约占 1/3，其他大多是红外成像制导的"幼畜"导弹，攻击成功率约为 80%。

2. "斯拉姆"空地导弹

"斯拉姆"（SLAM）空地导弹是美国海军在"捕鲸叉"反舰导弹的基础上，改型发展的一种防区外发射导弹武器。该导弹射程

美国"斯拉姆"导弹

100km，比炸弹更有效，比常规"战斧"导弹更经济，射程大于"幼畜"导弹（小于常规"战斧"导弹），主要用于从防区外高精度打击离海岸不远的陆上目标，必要时也可用于打击水面舰艇。"斯拉姆"系列导弹均采用"人在回路"制导方式，但不同型号的制导设备有所不同。"斯拉姆"AGM-84E型导弹的制导和控制设备，一部分（包括捷联惯导系统、雷达高度表等）采用了"捕鲸叉"反舰导弹的设备；另一部分（包括红外成像导引头、数据链路和全球定位系统等）是增加的或是取代的设备。其中，红外成像导引头是直接选用"幼畜"AGM-65D导弹上的红外成像导引头（休斯公司研制）。

1991年的海湾战争中，还未最后定型的"斯拉姆"AGM-84E导弹首次投入实战，战绩卓越。在整个"沙漠风暴"行动中，美国海军共发射了7枚"斯拉姆"AGM-84E导弹，并且导演了一出"百里穿洞"的经典战例：第一枚导弹将水电站大楼的护墙打了一个洞，2min后发射的第二枚导弹，准确地从第一枚导弹打穿的洞口进入护墙内，击毁了发电机，而未对水坝造成破坏。

3. "金牛座"空地导弹

"金牛座"KEPD350是德国研制的可实现精确打击的常规远程空地导弹，用来打击深埋目标或高价值点目标和面目标。KEPD350导弹装备了凝视红外成像导引头，并综合采用了景象匹配、地形匹配及GPS等辅助导航系统，抗干扰能力更强。

"金牛座"导弹的攻击方式很特别。作战使用前，可以一次性预设数百个目标，包括掩体、弹药库、指挥部、通信中心、补给中心、机场设施、桥梁设施、港口设施、泊港舰艇等。弹载计算机还可以控制抗干扰系统，有效对抗敌方电子干扰，以便正确命中目标。它携载总重500kg的两级串联战斗部，前级战斗部可以在地面或掩体表面爆炸形成穿孔，后级战斗部通过穿孔进入目标内部后在可变延时引信作用下适时爆炸，扩大毁伤效果。

"金牛座"空地导弹已进行多次实弹试验,其攻击的精确度和破坏力获得普遍肯定。"旋风"战斗机、"台风"战斗机、JAS39"鹰狮"以及F/A-18E/F"超级大黄蜂"均可发射,已装备德国空军和西班牙空军。

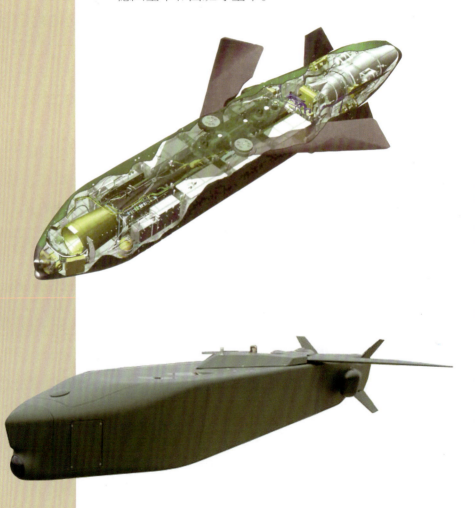

德国"金牛座"导弹

第三章 飞航导弹的制导技术

03

一、飞航导弹的制导体制

二、飞航导弹制导技术的应用特点

三、不同制导体制的比较

一、飞航导弹的制导体制

飞航导弹具有命中精度高、附带破坏小的使用特点，在现代战争中发挥了突出的作用，是重要的进攻性武器。飞航导弹精确制导技术，是实现飞航导弹作战效能的重要支撑。

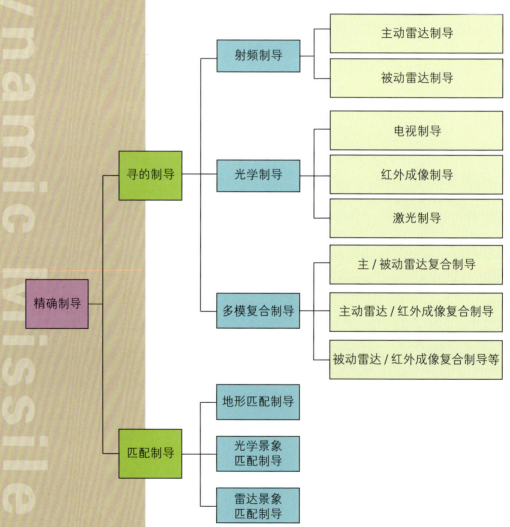

精确制导技术按体制分类

现有的飞航导弹制导技术按照使用方式可以分为寻的制导和匹配制导两大类。寻的制导是通过弹上导引头接收目标辐射或散射的能量自动跟踪目标，输出角度、角速度等目标相关位置信息，引导导弹飞向目标。寻的制导包括射频制导、光学制导和多模复合制导。匹配制导是导弹到达预定的飞行区域时，雷达或光电传感器采集地面区域的图像，通过与弹上预存的基准图进行图像匹配，精确确定导弹的位置，提供辅助导航信息。匹配制导包括地形匹配制导、光学景象匹配制导和雷达景象匹配制导等模式。

根据打击目标和背景性质的区分以及作战使用等需求，不同类型的飞航导弹采用不同的制导体制。目前世界各国装备部队的反舰导弹以主动雷达寻的制导为主，对陆攻击的空地导弹和巡航导弹大多采用电视制导、红外成像制导、景象匹配制导，反辐射导弹则主要是被动雷达制导。近年来，随着飞航导弹适应复杂战场环境的需求，高速发展的多模复合制导开始在各类飞航导弹上得到应用。

二、飞航导弹制导技术的应用特点

（一）射频制导

射频制导技术是弹上雷达导引头接收目标反射或辐射的电磁波能量，捕获跟踪目标并输出目标位置等相关信息，与弹上控制系统协同工作，导引导弹命中目标的制导技术。射频制导可以分为主动雷达制导和被动雷达制导，其最大特点是可全天候、全天时工作。

射频制导导引头

1. 主动雷达制导

主动雷达制导的主要设备是主动雷达导引头。主动雷达导引头主要由天线、发射机、接

主动雷达制导示意图

收机和信号处理机等几部分模块组成。通过发射机向目标区域辐射电磁波，由接收机接收目标区域反射的电磁能量或信号，通过信号处理检测、捕获、跟踪目标，形成目标的距离、角度、角速度等技术参数，引导导弹飞行，直至命中目标。

主动雷达导引头主要工作在 X、Ku 或 Ka 波段。从"是否利用回波相位信息"的角度划分，主动雷达导引头可分为非相参雷达导引头（不利用回波相位）和相参雷达导引头（利用回波相位）；按照发射信号波形可分为连续波雷达导引头和脉冲雷达导引头；按测角方式可分为圆锥扫描雷达导引头和单脉冲雷达导引头等。主动雷达制导在反舰导弹中得到广泛应用，如法国的"飞鱼"、美国的"捕鲸叉"等反舰导弹均采用主动雷达制导。

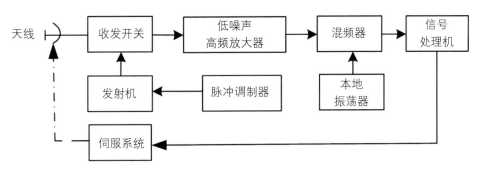

非相参雷达导引头组成框图

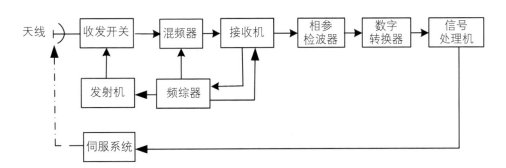

相参雷达导引头组成框图

1	2
3	
4	

1、主动雷达导引头
2、采用主动雷达制导的美国"捕鲸叉"导弹
3、"布拉莫斯"导弹主动雷达导引头
4、采用主动雷达制导的英国"海鹰"反舰导弹

2. 被动雷达制导

被动雷达制导的关键设备——被动雷达导引头不主动辐射电磁信号，而是靠接收目标本身辐射的电磁波能量来确定目标的相对位置等相关信息，引导导弹飞行，直至摧毁目标。

被动雷达导引头主要由天线及馈线、本地振荡器、混频器、中频放大器、数字转换器、信号处理机、伺服系统等部分组成。

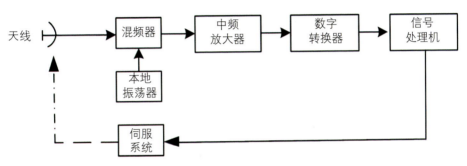

被动雷达导引头组成框图

被动雷达制导采用比幅测向体制或比相测向体制，可以覆盖L、S、C、X、Ku等波段，针对典型地面辐射源目标，其作用距离可以达到100km以上，跟踪精度随着波段的不同而有所差异，此种制导方式主要应用于反辐射导弹，例如美国的"百舌鸟"、"标准"、"哈姆"等反辐射导弹。

采用被动雷达制导的美国"百舌鸟"反辐射导弹

（二）光学制导

光学成像制导技术是利用目标区域辐射或反射的可见光或红外能量，由弹上的光学成像导引头完成对目标区域的成像，通过自动目标识别或人在回路方式截获目标，转入自动跟踪，导引导弹命中目标的制导技术。其最大特点是制导精度高，目标识别能力强。光学成像制导主要包括电视制导、红外成像制导和激光制导。

光学制导导引头

1. 电视制导

电视制导是利用电视摄像机作为制导系统的敏感元件，获得目标图像，形成目标角位置等相关信息，导引导弹飞向目标的制导方式。随着光电转换器件的迅速发展，电视制导从可见光波段发展到近红外波段，极大地扩大了电视制导的应用范围。电视制导具有分辨率高、制导精度高、工作可靠、隐蔽性好、技术成熟、成本低廉等优点。但在烟、雾、尘、雨等能见度较低的情况下，电视制导存在成像距离较近，不能全天候、全天时工作的弊端。

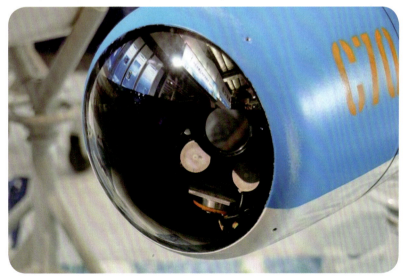

电视导引头

另外,由于电视制导是被动成像,因此制导系统无法获取目标的距离信息。

电视制导技术用于识别和跟踪目标的依据是目标与背景的亮度反差(即光能量的反差)或灰度值级别的不同。此处目标是指导弹的打击对象,而背景是指除目标之外的一切物体。

采用电视制导的
美国"幼畜"AGM-65A 空地导弹

采用电视制导的
美国"幼畜"AGM-65B 导弹

对于光学成像制导系统来讲,目标与背景是相对的,是可以相互转化的。同一物体有时可以成为目标,但有时也可以成为背景。电视制导是靠区别目标/背景反射率差及反射阳光的强弱(及颜色)来区分物体。由于现代作战环境日趋复杂化,目标的伪装能力也越来越高(可见光目标的伪装很容易),所以想通过自动目标识别技术从背景中找出目标实际上是比较困难的。因此,电视制导技术的目标识别及截获大都采用了"人在回路"模式,利用人工智能,根据目标区域内的场景,在复杂的背景中判断、识别目标。"人在回路"的电视制导体制,目标选择灵活可靠、制导精度高,特别适用于复杂背景下的目标打击。电视制导技术在导弹技术的研发上得到了普遍应用,例如美国的"幼畜"AGM-65A、AGM-65B型空地导弹,俄罗斯的X-29空地导弹、X-59空地导弹等。

采用电视制导的俄罗斯 X – 29 空地导弹

2. 红外成像制导

红外成像制导技术利用弹上红外成像导引头，依据目标、背景等效温差等因素形成的红外图像，识别、捕获、跟踪目标，导引导弹命中目标。红外成像制导是一种被动寻的制导技术，具有精度高、可昼夜工作的特点，与电视制导相比，穿透自然烟雾能力更强。红外成像导引头主要由光学头罩、红外成像分系统、随动稳定分系统、信息处理分系统等模块组成。工作波段主要有中波（3μm~5μm）和长波（8μm~12μm）两个波段。

红外成像制导工作方式大体可分为两种，一种是发射前锁定目标的工作方式，用于近程空地导弹；另一种是发射后锁定目标的工作方式，该工作方式又可分为人工识别目标工作方

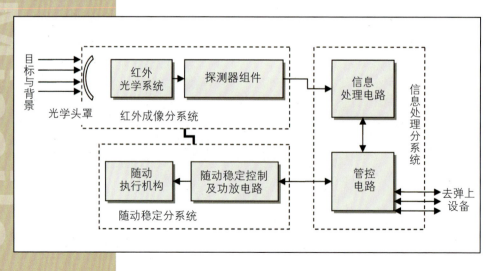

红外成像导引头基本功能框图

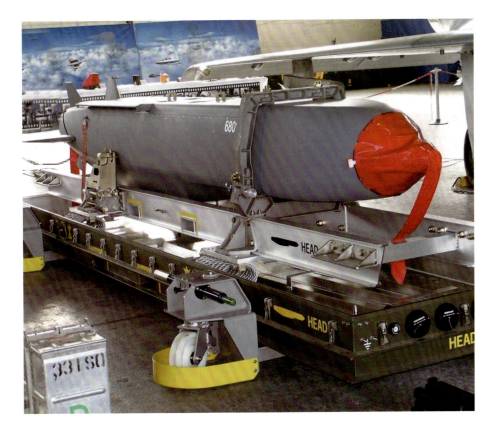

英国"风暴前兆"巡航导弹

式(即"人在回路"工作方式)和自动目标识别工作方式,一般用于中远程空地导弹。

红外成像制导技术已广泛应用于空地导弹和巡航导弹中,如美国的"斯拉姆"扩展响应型空地导弹、英国的"风暴前兆"巡航导弹、法国的"斯卡耳普"空地导弹等均采用中波焦平面凝视红外成像制导。

3. 激光制导

激光制导技术是由弹外或弹上的激光光束照射目标,弹上的激光导引头利用目标反射的激光信号,捕获、跟踪目标,导引导弹命中目标,包括激光半主动制导技术和激光主动成像制导技术。

激光半主动制导是通过弹外单独的激光照射器发射激光束照射到目标上，弹上接收机接收目标反射的激光信号，通过光电转换放大处理，形成导弹跟踪目标的误差信号，按一定的方式给出修正指令，从而达到制导目的。其主要特点是制导精度高、系统结构简单、成本低。工作波段主要有两个，即短波（1.064μm 或 1.54μm）和长波（10.6μm），其中长波在大气中传输性能好，抗烟幕干扰能力强。法国的 AS-30L 和俄罗斯的 X-29L 空地导弹等均为采用激光半主动制导的近程空地导弹。

激光主动成像导引头由弹载激光器发射激光波束，光学天线接收目标回波信号，经处理形成目标的三维图像。

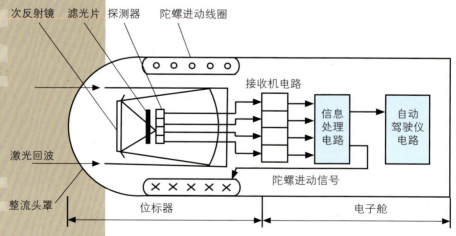

激光半主动导引头组成框图

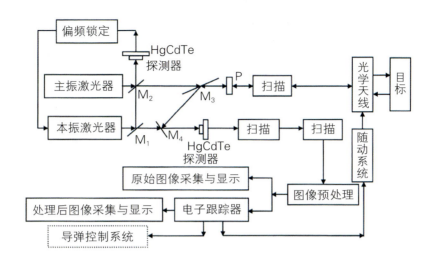

激光主动成像导引头组成框图

采用激光主动成像制导的 LOCAAS 导弹

采用激光半主动制导的法国的 AS-30L 导弹

(三)多模复合制导

多模复合制导可以分为多模制导和复合制导。多模制导是指在同一飞行阶段,同时采用两种或两种以上频段或体制进行工作的制导方式;复合制导则是指采用两种或两种以上频段或体制交替工作在不同飞行阶段的制导方式。多模复合制导可以发挥参与复合的不同制导体制或工作频段各自的优势,扬长避短,提高导弹抗干扰能力、作用距离和制导精度。典型的多模复合制导有主/被动雷达双模复合制导、主动雷达/红外成像双模复合制导、被动雷达/红外成像双模复合制导等。

主/被动雷达双模复合制导将主动雷达制

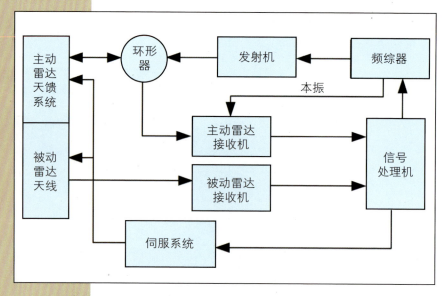

主/被动雷达双模复合导引头结构框图

导和被动雷达制导的优势集于一身,制导系统主要由主动雷达导引子系统、被动雷达导引子系统和信号处理机组成。被动雷达导引子系统接收射频辐射源辐射的信号,可以在较远的距离上引导导弹飞向目标;主动雷达导引子系统主动辐射电磁信号,可以获取目标的距离信息和高精度角度信息。两者复合,既实现了远距离制导,又可以通过信息融合处理提高抗干扰能力。

主/被动雷达双模复合制导系统的核心设备是主/被动雷达复合导引头。典型的主/被动雷达双模复合导引头主要由主动雷达天线、发射机、主动雷达接收机、被动雷达接收机、被动雷达天线、伺服系统、信号处理机等模块组成。

美国反辐射导弹主/被动雷达复合导引头

采用主/被动雷达复合制导的俄罗斯"马斯基特"反舰导弹

美国的"哈姆"改进型、先进反辐射导弹AARGM等都采用了毫米波主动雷达/宽带被动雷达双模复合制导技术；俄罗斯"马斯基特"反舰导弹也采用了主动雷达/被动雷达双模复合制导方式。

主动雷达/红外成像双模复合制导将主动雷达和红外成像集成在一起，充分发挥主动雷达作用距离远、全天候工作能力强以及红外成像分辨率高、跟踪精度高的优势，获得相比单模制导更加优越的抗干扰能力和制导性能。主动雷达/红外成像双模复合导引头主要由雷达天线、发射机、接收机、红外成像器、伺服系统、信号处理机等部分组成。采用主动雷达/红外成像双模复合制导的导弹有中国台湾的"雄

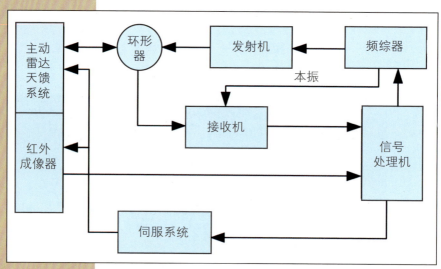

主动雷达/红外成像双模复合制导方框图

中国台湾的"雄风"-2反舰导弹

风"-2反舰导弹和瑞典的 RBS-15 BK Ⅲ 反舰导弹等。

被动雷达/红外成像双模复合制导体制具有工作隐蔽性较好、作用距离远的特点。双模复合导引头主要由被动雷达天线、接收机、红外成像

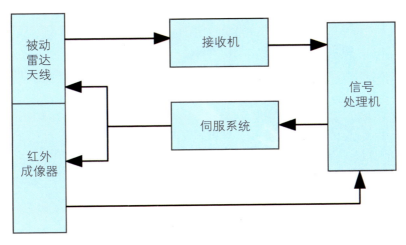

被动雷达/红外成像复合制导组成结构框图

德国 Armiger 反辐射导弹的被动雷达/红外成像复合制导系统

器、伺服系统、信号处理机等模块组成,德国的 Armiger 反辐射导弹就采用了被动雷达/红外成像双模复合制导。

(四)地形匹配制导

地形匹配制导的依据是陆地地形起伏特征

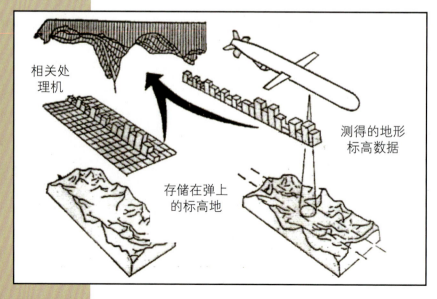

巡航导弹地形匹配制导原理图

在一定区域内具有唯一性，即以陆地某位置为起点，沿着某个方向的一段地形的高程变化具有独特的特征，这一特征在这个位置附近的一定区域内是唯一的。

地形匹配制导系统主要由惯性/组合导航系统、地形匹配计算机、雷达高度表和气压高度表等部分组成。

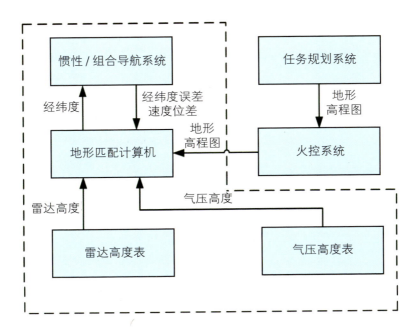

地形匹配制导系统组成结构框图

当导弹按预先规划的航线飞越匹配区时，地形匹配制导系统沿航线测量导弹正下方的地形高程，高程数据采集的间隔与存储的基准数字地图的网格长度基本相当。具体方法是：利用雷达高度表测量导弹的离地高度，利用气压高度表测量导弹的飞行海拔高度，然后用飞行海拔高度减去离地高度得到导弹正下方的地形高程。在采集到足够完成一次准确配准的高程序列以后，地形匹配计算机就对其存储的基准高程数据进行搜索匹配，找出一列与实测地形高程序列相匹配的基准序列。因为基准高程序列的地理坐标是已知的，用配准的基准序列就可以确定导弹在配准时刻的经、纬度坐标（或其他坐标系的坐标），计算出惯导在配准时刻的纵向误差和横向误差，从而可以对惯导误差进行修正。

（五）光学景象匹配制导

地球表面，尤其是人工开发区，存在着大量的各种形状和大小的地物，如：农田、道路（公路、土路和铁路）、水渠、池塘、各种建筑物、草地和丛林等。这些地物在地面上分布具有一定的随机性，以至于在很多区域内，一定大小地面图像的模式（灰度、边缘以及纹理）是具有唯一性的。光学景象匹配制导技术利用上述地球表面在一定区域内的唯一性特征，由弹载下视光学系统获取匹配区的实时图像，通过与弹上预存的基准图进行匹配，从而精确地确定导弹位置，并修正弹道偏差。

光学景象匹配制导可以利用导弹正下方的景象特征，具有成像帧频高、图像分辨率高、细微特征丰富、工作隐蔽等特点。但存在受气象影响大等缺点，一旦气象状态不佳，其全天候工作性能将受到严重影响。

光学景象匹配制导目前主要有可见光下视景象匹配制导、红外下视景象匹配制导。可见光下视景象匹配的优势在于它与卫星图像属于同源匹配，匹配精度高，但其夜间使用会受到一定限制，其典型应用是美国的"战斧"Block3

和 Block4 巡航导弹。红外下视景象匹配与可见光卫星图像属于异源匹配，由于成像体制不同，所以图像差异性较大，它的匹配概率虽不如可见光图像直接匹配概率高，但其优点是可以全天时使用。

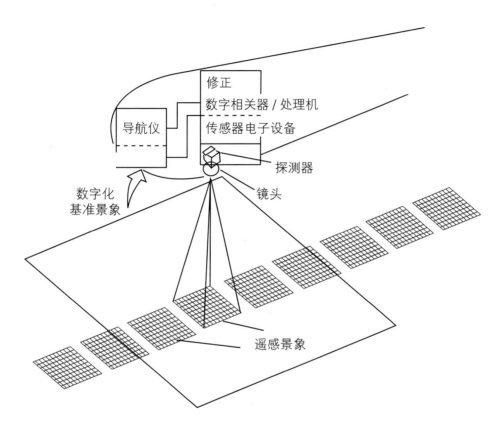

"战斧"导弹景象匹配的基准地图和导弹实测景象的原理示意图

从可见光卫星图像中任取一块子图，若其模式唯一，则此卫星图像可选作基准图，对应的地面区域称为匹配区。在导弹执行任务前，通过卫星等手段摄取匹配区的图像制成基准图，并存入匹配计算机内。当导弹飞到预定的匹配区上空时，采集到正下方地面的图像（称为实时图）送至匹配计算机。由于实时图的模式具有唯一性，通过匹配处理可在基准图上找到一个子图与它配准,该子图位置即是导弹拍摄实时图时的空中位置,从而得到导弹的瞬时坐标。

红外图像

可见光图像

景象匹配制导的红外图像与可见光图像

采用下视光学景象匹配制导的美国"战斧"巡航导弹

巡航导弹地形／景象匹配制导示意图

（六）雷达景象匹配制导

雷达景象匹配制导技术利用实时获得的雷达图像与预先存入的基准图进行匹配处理，并通过空间几何关系获得导弹的位置信息，从而修正惯导位置漂移误差。雷达景象匹配制导技术，具有制导精度高、全天时、全天候、全自主等特点，适用于高空、高速、远距离飞行的导弹。

用于雷达景象匹配制导的雷达目前主要采用合成孔径、多普勒波束锐化两种方式。它们是利用导弹飞行引起的雷达信号多普勒频率变化提高雷达波束分辨能力（即方位分辨力），利用脉冲压缩技术提高波束指向的分辨力（即距离分辨力），由此可以获得高分辨率的二维雷达图像。

雷达景象匹配制导与光学景象匹配制导类似，两种制导方式均是利用一定范围内地面景物的唯一性，通过匹配的方式，获得实时图在基准图上的准确位置，进而反算出载体在空间中的位置信息。不同之处是成像的机理以及成像的几何构形，雷达景象匹配制导主要采用侧视成像，分辨率与距离无关，可以获得远距离高分辨率雷达图像。利用雷达图像中典型地物（如河流、道路网等）的特征（如边缘特征）信息，可以完成实时图与基准图的匹配。

实时图

匹配结果图

雷达景象匹配示意图

合成孔径雷达

三、不同制导体制的比较

不同制导体制对自然环境的适应性不同,面临的对抗措施也不同。

飞航导弹各制导体制对环境的适应性

制导体制		全天候能力	全天时能力	面临的主要对抗措施	主要应用对象
射频制导	主动雷达制导	强	强	箔条干扰、舷外干扰、距离欺骗、噪声调频、海杂波等	反舰导弹
	被动雷达制导	强	强	有源诱饵、目标辐射源关机等	反辐射导弹
光学制导	红外成像制导	较强	较强	红外烟幕、红外诱饵云、激光致盲、水幕(反舰导弹可能遭遇)等	空地导弹巡航导弹
	电视制导	差	差	烟幕、激光致盲(致眩)、闪光弹	空地导弹
	激光制导	中	中	烟幕、激光干扰	空地导弹巡航导弹

（续）

制导体制		全天候能力	全天时能力	面临的主要对抗措施	主要应用对象
多模复合制导	射频多模复合制导	强	强	箔条干扰、舷外干扰、距离欺骗、噪声调频、海杂波等	反舰导弹
	光学多模复合制导	较强	较强	红外烟幕、红外诱饵云、激光致盲等	空地导弹 巡航导弹
	射频/光学多模复合制导	强	强	箔条干扰、舷外干扰、距离欺骗、噪声调频、红外烟幕、红外诱饵云、激光致盲	反辐射导弹 反舰导弹 巡航导弹
光学景象匹配制导		差	较强	超低空飞行时，各种干扰措施难以实施	巡航导弹
雷达景象匹配制导		强	强	噪声压制干扰，欺骗干扰	巡航导弹
地形匹配制导		强	强	超低空飞行时，各种干扰措施难以实施	巡航导弹

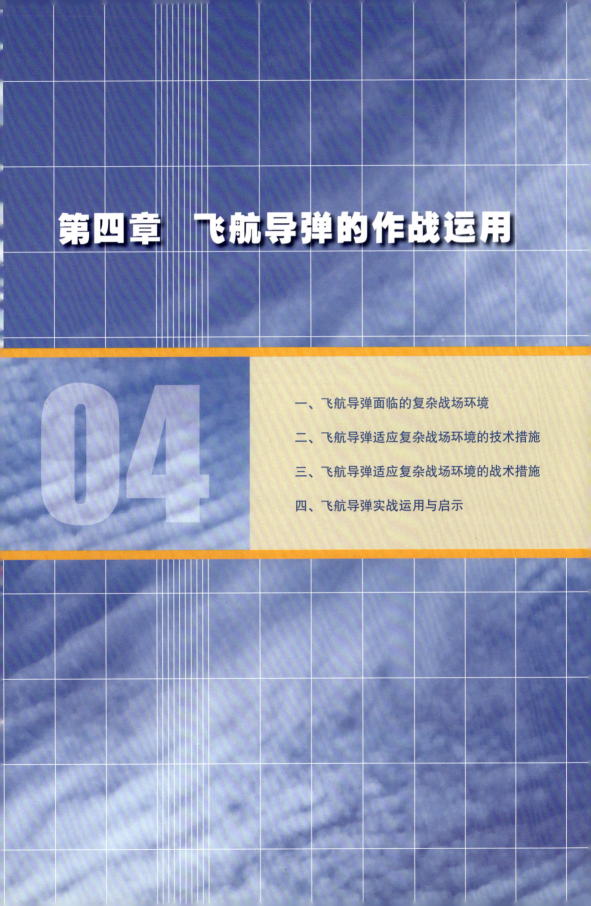

第四章 飞航导弹的作战运用

04

一、飞航导弹面临的复杂战场环境

二、飞航导弹适应复杂战场环境的技术措施

三、飞航导弹适应复杂战场环境的战术措施

四、飞航导弹实战运用与启示

一、飞航导弹面临的复杂战场环境

本书所述战场环境，是指在一定的战场空间内，对导弹作战有影响的电磁活动和自然现象的总和，主要包括自然环境和电磁环境两部分。

自然环境可分为气象环境和地理环境两大类。气象环境包括雨、雪、雾、云、沙尘及太阳光等各种气象条件，地理环境包括目标背景等对导弹作战造成影响的地理条件。不同的作战任务，不同的攻击目标，不同的作战区域，飞航导弹所面临的自然环境也就可能不同。

电磁环境主要指对抗性的人为干扰。事实上，人为干扰手段早在第二次世界大战中就得到广泛使用，主要应用于干扰地面雷达和通信设施，以掩护飞机作战。随着导弹技术的发展，人为干扰成为对抗导弹进攻的主要手段之一，被世界各国广泛应用。由于飞航导弹攻击的目标主要位于地面或海面，而地面和海面有足够的空间布置各式各样的干扰装备，因而飞航导弹面临的干扰环境十分复杂。

不同类型和不同制导方式的飞航导弹所面临的干扰环境不同，同一种类型的导弹因打击目标的不同，其面临的干扰环境也不同。本节根据不同类型飞航导弹所面临的作战环境进行分类描述。

（一）对海攻击导弹面临的自然环境和人为干扰

对海攻击导弹即指对海面舰船目标实施打击的飞航导弹，包括岸基、舰载、空基和潜基反舰导弹，也包括陆基巡航导弹。

"奥特玛特"反舰导弹

"奥特玛特"导弹舰载发射器（3个朝向左舷，3个朝向右舷）

对海攻击导弹目前采用的主要制导方式是主动雷达制导，也有部分反舰导弹采用红外成像制导、主/被动雷达复合制导、主动雷达/红外成像复合制导等方式。为突出重点，本节主要介绍主动雷达制导导弹面临的干扰环境。

1. 对海攻击导弹面临的自然环境

自然环境中的气象环境主要包括云、雨、雾、雪、海浪等。其中，云、雨、雾、雪等气象环境会对目标散射信号或辐射信号产生衰减，降低导引头的目标探测距离；海浪引起的海杂波信号，会导致雷达导引头目标检测难度增加。气象环境可以按等级进行分类，降雨天气按照降雨量大小分为大暴雨、暴雨、大雨、中雨、小雨和细雨，海情分为9级。

雨 情 分 类

雨情	降雨强度/（mm/h）	雨滴典型直径/mm	雨滴降落速度/（m/s）
细雨	< 1.0	0.01 ~ 0.1	< 0.25
小雨	1.0 ~ 4.0	0.1 ~ 0.5	0.25 ~ 1.0
中雨	4.0 ~ 15.0	0.5 ~ 1.0	1.0 ~ 2.0
大雨	15.0 ~ 40.0	1.0 ~ 2.0	2.0 ~ 4.0
暴雨	40.0 ~ 100.0	2.0 ~ 5.0	4.0 ~ 7.0
大暴雨	> 100.0	> 3.0	> 6.0

注：来源于国标 GB/T 4797.5—2008《电工电子产品环境条件分类自然环境条件降水和风》

对海攻击面临的气象环境

海情等级划分

海情等级	波高 /m	相应风级	平均风速 /(m/s)
0	0	0	0.0~0.2
1	<0.10	1~2	0.3~3.3
2	0.1~0.5	2~4	1.6~7.9
3	0.5~1.25	4~5	5.5~10.7
4	1.25~2.5	5~7	8.0~17.1
5	2.5~4.0	7~8	13.9~20.7
6	4.0~6.0	8~9	17.2~24.4
7	6.0~9.0	9~10	20.8~28.4
8	9.0~14.0	10~11	24.5~32.6
9	>14.0	12	>32.7

注：来源于国标《海洋调查规范第 3 部分 海洋气象观测》（GB/T 12763.3—2007)

地理环境的影响，主要体现在以岛岸为背景的近岸目标上。地形复杂和崎岖不平的陆地背景，会产生较强的雷达回波，导致舰船目标信号淹没在背景杂波中而无法检测目标。

2. 对海攻击导弹面临的人为干扰

反舰导弹面临的人为干扰主要有箔条干扰、角反射体干扰、舰载有源干扰和舷外有源干扰等。

1）箔条干扰

作为最早发展的人为干扰技术之一，箔条干扰早在第二次世界大战期间就已经成为一种重要的干扰手段。箔条干扰是由火箭或迫击炮

箔条弹发射装置

将箔条弹送至指定空域,爆炸后形成的箔条云团对雷达导引头造成的干扰。由于具有成本低、干扰效果好等突出优点,至今仍然是重要的雷达对抗手段,广泛装备于各国(或地区)海军舰船,对反舰导弹构成了十分严重的困扰。

箔条干扰主要有迷惑式、冲淡式、转移式和质心式等干扰样式。迷惑式干扰是导弹发射前,当距离舰船大约10km左右,施放箔条干扰,形成多个箔条云团假目标,迷惑火控雷达使其难以捕获舰船目标。冲淡式干扰指在雷达导引头开机以前,于目标舰周围大约1km到数公里的范围内施放多个箔条假目标,以降低雷达导引头捕获目标舰的概率。转移式干扰是有源干扰机与无源箔条弹组合使用的一种干扰方式,是指舰船在遭遇反舰导弹雷达导引头跟踪后,将箔条弹打至距离被掩护舰船数百米到1km处,同时舰载有源欺骗干扰机施放距离拖引干扰,将雷达导引头的距离波门迅速拖向箔条云团,使得雷达导引头丢失舰船目标转而跟踪箔条云团。质心式干扰是反舰导弹雷达导引头跟踪上目标舰船后,舰船向距离被掩护舰船几十米到数百米外的空中发射箔条弹,形成反射面积大于舰船的假目标,使得雷达导引头跟踪舰船和箔条云的能量合成中心;同时,舰船根据导弹来袭方向、风速、风向等因素确定最佳规避方向,迅速逃离。

箔条弹爆炸形成的箔条云

典型的箔条干扰系统有美国的MK36（SRBOC）型箔条/红外干扰弹发射系统、法国的"达盖"II型(Dagaie)无源干扰发射系统等。MK36箔条/红外干扰弹覆盖2GHz~20GHz的微波频段和波长3μm~5μm的红外波段，1枚箔条弹的雷达截面积可掩护一艘护卫舰，一枚红外弹的红外辐射强度足以模拟一艘大型舰船的红外辐射。"达盖"II型单发箔条弹的RCS

舰船发射箔条弹

约为 3000m², 频率覆盖 2 GHz~20GHz, 最大发射距离 5km~8km, 留空时间不小于 10min, 平均反应时间小于 4s, 箔条展开时间小于 2s。

随着雷达体制和抗干扰措施的不断发展, 箔条干扰技术也在不断改进, 主要朝着散开速度快、留空时间长、干扰频段宽、散射截面积大等方向发展。

2) 角反射体干扰

角反射体利用三个互相垂直的金属平板, 将入射的电磁波按原入射方向反射回去, 对雷达形成干扰。角反射体能以较小的尺寸和重量, 在较大的角度范围内, 形成较强的假目标回波, 干扰雷达导引头对舰船的检测与跟踪。角反射体被放置在舰船附近, 可以对反舰导弹形成角度欺骗干扰。角反射体的使用包括抛撒式和拖曳式等方式。抛撒式角反射体一般由塑料等材料制成, 表面涂覆金属, 折叠收缩存放, 使用时从舰船抛到海面, 并自动充气形成角反射体。英国皇家海军的 DLF-1、DLF-2、DLF-3（俗称"橡皮鸭子"）等三型角反射体, 就是采用在塑料表面涂覆金属制作的。该系列产品装备法国、意大利、荷兰、沙特、西班牙、泰国、美国等国海军, 其中美军命名为 AN/SLQ-49。拖曳式角反射体主要是金属角反射体, 使用时搭载在简易小艇上, 由被掩护军舰拖带行动。

英国研制的"橡皮鸭子"角反射体

角反射体作为对雷达导引头实施无源干扰的重要装备,近年来也有了长足的发展。新型充气式角反射体,利用塑料薄膜做成半球状体,可覆盖方位360°、俯仰90°的空域。

3）舰载有源干扰

舰载有源干扰是指将干扰机装备在被掩护舰艇上,根据干扰机的侦察告警分系统提供的侦察信息进行判断、筛选、识别,确定来袭反舰导弹雷达导引头的信号特征,对反舰导弹雷达导引头进行干扰,导致雷达导引头不能正常捕获、跟踪目标,或在跟踪状态下丢失目标,从而不能正确引导反舰导弹对舰艇进行攻击。舰载有源干扰通常包括压制式噪声干扰和欺骗式距离拖引干扰,一般组合使用。

舰载有源干扰装备的典型代表是美国的AN/SLQ-32(V)系列电子战系统,一般装备在导弹护卫舰、驱逐舰和航空母舰上。AN/SLQ-32(V)3型电子战系统告警频率覆盖0.25

美国研制的AN/SLQ-32（V）有源电子战系统

GHz~20GHz，干扰频段覆盖 5GHz~20GHz，峰值功率 1MW。

舰载有源干扰机的发展趋势是扩展干扰频段、丰富干扰样式、提高干扰功率。

4）舷外有源干扰

舷外有源干扰是指将干扰机放置于被掩护军舰之外数十米到数百米不等的距离上，对接收到的反舰导弹雷达导引头信号进行放大转发，模拟舰船目标回波或发出噪声，对雷达导引头进行干扰。舷外有源干扰机可以由箔条发射装置发射，所配备的降落伞使其保持一定的留空时间，也可以抛浮于海面实施干扰。

美国海军已经装备的 AN/SSQ-95（V）有源电子浮标，就是抛浮于海面的舷外有源干扰机，工作在 8GHz~20GHz 频段。

舷外有源干扰装备的发展趋势是小型化、低成本、长时间工作等。

舷外有源干扰浮体

（二）对陆攻击导弹面临的自然环境和人为干扰

对陆攻击导弹即指对地面目标实施打击的飞航导弹，包括空地导弹和巡航导弹。目前，世界各国对陆攻击飞航导弹大多采用光学成像制导方式，包括红外成像制导、电视制导和激光制导，其中红外成像制导是发展的主流。本节将重点介绍光学成像制导面临的干扰环境。

1. 对陆攻击导弹面临的自然环境

1）气象环境

对陆攻击导弹面临的气象环境，主要包括风、云、雨、雾、雪、太阳等。

对陆攻击面临的
气象环境

云层会较大幅度地衰减光学能量，使得光学成像制导系统无法清晰地对目标成像甚至造成遮挡效应。

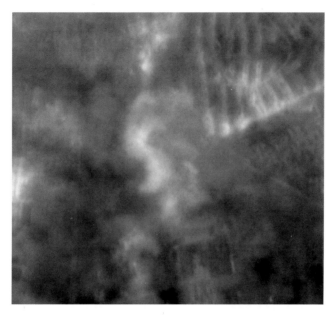

云对地目标的遮挡作用

云底高以下建筑物清晰可见

雾是由水蒸气、气溶胶、灰尘等各种小微粒共同组成的。这些微粒的尺寸通常比可见光波段和红外波段的波长大很多，因此会产生非选择的散射，不仅给气象能见度带来影响，还影响到红外电磁波在大气中的传输。

晴天观测，图像清晰

薄雾条件下观测，图像对比度降低

浓雾条件下观测，图像模糊不清

雾对观测效果影响图

雪的影响除了在空间分布外，还会引起地表覆盖特性的变化；雪量的大小、覆盖厚度的不同，引起的地表覆盖特性的变化也不相同。

太阳光的影响主要是随着天气的不同光强发生变化，迎光、逆光等条件下光的强度也会发生变化。在逆光情况下，可致使光学成像制导系统光电传感器饱和。

2）地理环境

战场的地理环境由地表形态、覆盖于地表的自然物体和人类活动设施共同构成。其中，地表形态包括地貌类型和地表高度起伏两个方面的特征，覆盖于地表的自然物体包括水体、植被、沙砾等，人类活动设施包括居民建筑、道路和其他经济设施。景象匹配对气象环境、地表纹理和飞行高度等条件有一定要求，为了确保实效性，对数据保障更新周期提出了要求。

地理环境的变化影响光学景象匹配系统的匹配精度。景象匹配使用的地面景象特征会随着时间的变化、季节的变化、太阳高度角的变化以及气象的变化而发生改变，使基准图与实时图可匹配性降低。当前，主要是通过制定恰当的匹配区选择准则和景象匹配区规划验证等措施，来避免不良自然环境条件对系统的影响。

景物变化是导致景象匹配错误的另一重要原因。景物变化主要包括三种：一是农田区（菜田不同灰度和形状）的景物变化；二是河流水位变化

地面无积水时图像清晰　　　地面存在积水时图像模糊

地面大面积积水引起景物变化对比示例

甚至干涸；三是地面大面积积水或积雪。由于地面景物改变，会导致自动目标识别或匹配发生错误。因此在实际使用时，光学成像制导系统往往通过实时更新基准图数据，提高基准图数据的现势性，减小地面景物不稳定带来的影响。

2. 对陆攻击导弹面临的人为干扰

装载光学成像制导系统的对陆攻击飞航导弹面临的人为干扰样式主要有：烟幕干扰、伪装干扰、定向红外干扰和红外诱饵干扰等。

1）烟幕干扰

烟幕是一种重要的无源干扰，是对抗光学成像制导导弹最有效的手段之一。

对于电视制导来说，烟幕对光的吸收与散射形成一道"屏障"，遮蔽后方一定区域的景物，使电视导引头视场内只呈现一片烟幕。由于烟幕的扩散、沉降、风移等过程，烟幕浓度下降，原被完全遮蔽的景物逐渐依稀可见。但因为光波波面受烟幕破坏而出现无规则畸变，景物图像会出现失真、闪烁，导致对目标仍然看不清、认不出、瞄不上、测不准。

对半主动激光制导来说，烟幕可以导致其激光信号的传输通道阻塞，使之无法正常工作。这种"阻塞"以多种形式表现，例如，烟幕的吸收和散射使目标被隐匿，或降低其被发现的概率。烟幕还会明显衰减照射的激光能量和目标反射的激光能量，造成激光制导系统获取的激光能量太弱，甚至无法捕获目标。

烟幕对红外成像制导的影响与电视制导类似。通常把红外烟幕分为"辐射遮蔽"烟幕（热烟幕）和"衰减遮蔽"烟幕（冷烟幕）两种。"辐射遮蔽"烟幕属于改变目标及其背景红外辐射特性的方法，烟幕发射的红外能量比目标辐射更强，使红外成像制导系统无法对目标成像。"衰减遮蔽"烟幕发射装置发射的烟幕，由具有选择性的 $3\mu m \sim 5\mu m$、$8\mu m \sim 12\mu m$ 两个波段窄带吸收特性或连续性宽带吸收特性的遮蔽材料组成，在空中散开后形成的烟幕对目标红外辐射有吸收作用。凭借烟幕的吸收、反射作用，

烟幕干扰形成的遮挡

使进入红外成像制导系统的目标辐射强度减弱到系统无法分辨的程度。

2）伪装干扰

伪装干扰主要包括假目标欺骗、人工遮障伪装和涂覆伪装三种方式。

假目标欺骗是模拟目标的暴露征候所实施的干扰措施。根据电视制导和红外成像制导所工作的波段，设置假目标、假热源来模拟真目标的各种外形特征，欺骗、迷惑对陆攻击导弹，

假目标欺骗

使其对假目标进行攻击，从而保护了真实目标。假目标欺骗在海湾战争、科索沃战争、阿富汗战争等高技术战争中应用，取得了较好的效果。

人工遮障伪装是指利用构筑、设置的遮蔽物所实施的伪装。目前军事领域常用的人工遮障伪装采用的是一种可重复使用的网状编织物，通常包括两种：热红外伪装网和多频谱伪装网。热红外伪装网在中、长波红外波段的热辐射特性与背景相匹配，多频谱伪装网能有效地对抗可见光、近红外、中远红外以及雷达波的侦察。红外伪装技术的目的是要尽量减少被保护装备与背景之间的红外辐射温差，力图使装备形体特征与背景融合一致。可以说，伪装网技术成熟，波段兼容性好。

人工遮障伪装

涂覆伪装一般按波段实施。对于可见光波段，在目标表面涂覆某些涂料可以平滑目标与背景的亮度和色度差异，使目标与背景浑然一体。通过恰当的颜色搭配和构形设计，形成迷彩图案，还可歪曲目标的形体特征，使之从外观上"面目全非"，增加电视制导系统的侦测难度，降低发现概率。

对于红外波段,目前普遍采用的涂覆伪装方法是在目标表面涂以低发射率涂料。装备表面涂覆低发射率涂料,可明显降低其辐射能量,它的静态应用已取得较好的效果。但是当前低发射率涂料颜色品种尚不够丰富,难以形成较理想的热迷彩,而且动态行驶中车辆表面总是落满了尘土,各个区域上涂层发射率的降低以及彼此间的差异是无法显示出来的。

涂覆红外伪装

迷彩伪装

3）定向红外干扰

红外干扰机产生的光辐射越强，越能引导导弹偏向干扰机。先进导弹的不断问世，迫使人们不断加大干扰机的输出功率。但是干扰机的输出功率不能无限增大，它受到干扰机体积、输出孔径尺寸和基本功率消耗的限制。这就促使人们开发出定向红外对抗技术，即将红外干扰能量集中到狭窄的光束中，当导弹逼近时，导弹告警系统将干扰光束引向来袭导弹方向，使导弹因红外成像制导系统工作混乱而脱靶。

定向红外对抗可以采用常规的红外光源，也可以采用激光。激光能在干扰光束中集中更大的能量，具有更远的作用距离和更大的灵活性，能有效干扰新一代先进的红外制导导弹，主要表现为激光致盲和激光烧毁。当导弹被致盲后，器件的探测能力要经过一段时间（秒级）才能恢复到原来的水平，这将对导弹造成很不利的影响。而激光烧毁则是直接烧毁红外探测器，使导弹无法飞向目标。

定向红外干扰

4）红外诱饵干扰

传统的红外诱饵弹投放点燃后，可产生一个与目标红外辐射特性类似、能量大于目标红外辐射能量2倍~3倍的热源，欺骗或诱惑来袭红外制导导弹。当红外干扰弹和目标同时出现在红外导引头视场内时，红外导引头会跟踪两者的等效辐射能量中心，并偏向于红外干扰弹，最终远离目标。这是红外诱饵弹对红外点源制导导弹的典型干扰过程。

为了有效干扰红外成像制导武器，目前红外诱饵弹主要向两个方向发展：一类是"智慧型"，利用新方法、新技术，削弱红外干扰弹与目标之间的差异，使其更逼真地模拟目标，从而诱骗来袭武器；另一类是"压制型"，利用新材料使干扰弹的燃烧由点扩大到面，形成

红外诱饵干扰

大面积、高能量的红外干扰云。

采用面源红外诱饵的有美国海军的"多极烟云"（Multicloud）红外诱饵、"超级海尔姆"（Hiram）红外诱饵，德国巴克公司研制的舰载DM19"巨人"红外诱饵。据称，这些诱饵均能较为逼真地模拟航行中大型舰船的热轮廓。

（三）反辐射导弹面临的自然环境和人为干扰

反辐射导弹主要采用被动雷达制导，也有少量采用被动雷达/红外成像双模复合制导和主/被动雷达双模复合制导，本节着重介绍被动雷达制导面临的自然环境和人为干扰环境。

1. 反辐射导弹面临的自然环境

被动雷达导引头只是单程接收雷达信号，因此云、雨、雾、雪等自然环境对被动雷达导引头的影响要小于主动雷达导引头。由于目标雷达天线不同工作角度和架设战区地理环境的影响，导致多路径效应的存在，尤其

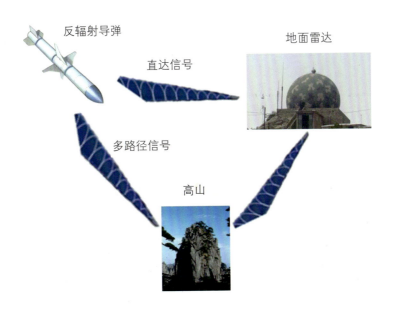

多路径产生示意图

在被打击的雷达周围有高山或高大建筑等电磁波反射物体时,多路径效应比较明显,这将造成被动雷达导引头测角误差变大或出现角闪烁现象。

2. 反辐射导弹面临的人为干扰

针对反辐射导弹的威胁,人们不断发展和改进地面雷达的对抗手段。防空导弹武器系统的地面雷达普遍采用目标雷达关机、雷达诱饵等对抗措施。

1)雷达关机

当地面雷达告警系统发出反辐射导弹来袭的警报后,地面雷达会根据实际情况(威胁等级、来袭方向等)采取关闭雷达发射机等措施,使反辐射导弹丢失目标。

2)雷达诱饵

目前,包括防空武器系统制导雷达、警戒引导雷达在内的一些主要地面雷达都配设有诱

"盖斯奇克"反辐射导弹诱饵系统

饵，如美国"爱国者"的导弹系统配设的 AN/MPQ-53 雷达诱饵系统、俄罗斯的 КРТЭ125-2 诱饵系统、"盖斯奇克"诱饵系统等。由于诱饵系统发射的射频信号与真实雷达信号在形式上完全一样，可以迷惑被动雷达导引头，使被动雷达导引头难以分辨真实雷达信号而跟踪其相位中心，进而达到保护雷达的目的。

二、飞航导弹适应复杂战场环境的技术措施

（一）对海攻击导弹对复杂战场环境的适应性

对海攻击导弹以主动雷达制导为主，本节主要介绍主动雷达制导采取的抗干扰措施。

1. 对自然环境的适应性

云、雨、雾、雪会对主动雷达导引头辐射的信号产生衰减，降低导引头的目标捕获距离；海面背景对雷达导引头发射信号产生后向散射，形成

海面

海杂波信号,强度随入射余角(电磁波入射方向与海平面的夹角)的增大而增大,随海况的增强而增强。也就是说,高海情或大入射余角情况下的海杂波干扰会降低雷达导引头对舰船目标的检测概率;在中小入射余角条件下,岛岸背景对雷达发射信号的后向散射比海面更大,舰船目标的检测会更加困难。

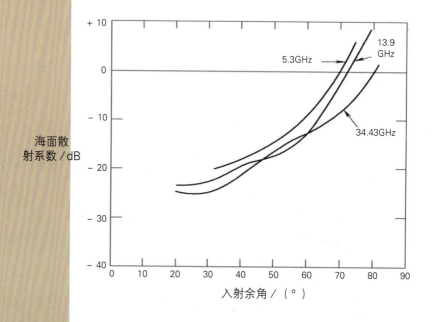

在不同雷达电磁波入射余
角下的海面散射系数

针对海杂波等自然环境对目标检测带来的影响,相参雷达和非相参雷达导引头采取不同的应对方法。非相参雷达导引头采用频率捷变措施去除海杂波脉间的相关性,通过非相参积累对海杂波尖峰进行平滑；因波束照射到海面的面积较大，海杂波多普勒带宽比舰船目标回波更宽，相参雷达导引头通过相参积累在频域将海杂波信号分散到较宽的频谱上，从而提高信杂比，有利于目标检测。同时，相参或非相参雷达导引头都采用恒虚警检测算法，自适应调整检测门限，保证在不同海情条件下对海杂波不产生虚警。另外，由于海面后向散射能量与距离的三次方成反比，为了防止近距离海杂波引起导引头接收机饱和，导引头采用灵敏度时间控制（STC）技术，使雷达接收机的灵敏度随时间变化，从而使被放大的海杂波信号强度与距离无关，保证雷达导引头在近距离强海杂波背景下仍然能够正常检测跟踪目标。

2. 对人为干扰的适应性

针对人为干扰特点，不同体制雷达导引头依据所能获得的目标信息，

反舰导弹面临的人为干扰示意图

采用不同的抗干扰技术，主要包括以下几个方面。

1）抗箔条干扰

箔条干扰是投放在空间的大量随机分布的金属丝产生的散射信号对雷达造成的干扰，它能同时对处于不同方向和具有不同频率的很多雷达进行有效的干扰。

箔条弹在空中散开后形成箔条云。箔条云的雷达截面积一般比舰船大，受风的影响，箔条云会产生多个速度分量，并且各速度分量并不稳定。而舰船回波相对稳定，因此雷达导引头通过对回波的时间宽度和多普勒带宽（相参雷达可以提取此参数）进行提取并比较其差别，就能够识别和对抗箔条干扰。但是当箔条云密

箔条／烟幕组合干扰

度较大时，会完全遮盖舰艇回波，造成导弹无法正常检测跟踪目标。

2）抗角反射体干扰

相比舰船来说，角反射体尺寸较小，其回波幅度相对稳定，多普勒带宽很小。相参雷达导引头可以采用距离高分辨技术获得目标尺寸大小，统计脉间幅度起伏特征，获得多普勒带宽，综合这些特征就可以识别和对抗角反射体干扰。

角反射体

3）抗舰载有源干扰

对于压制式干扰，一方面雷达导引头可以采用频率捷变等技术使干扰机无法快速跟踪其信号，迫使干扰设备采用较大带宽来覆盖其频率范围，从而降低干扰信号的功率谱密度，减少干扰对雷达导引头工作的影响；另一方面，如果雷达导引头工作频率捷变后，仍然受到严重干扰而无法检测和跟踪目标舰艇，导引头可以采用被动跟踪干扰机辐射信号的方式，同样可以导引导弹飞向舰船目标。

对于欺骗式距离拖引干扰，雷达导引头首先利用脉间的频率捷变、重频捷变或脉冲调制捷变，使得干扰机无法预测雷达导引头下一次发射脉冲的载频、发射时刻及调制方式，从而无法在发射脉冲到达之前产

装有舰载有源干扰的舰船

生干扰脉冲，只能进行距离后拖干扰。然后，利用真假信号的到达时间差别，采用前沿跟踪技术，就可以识别和对抗距离后拖干扰。

4）抗舷外有源干扰

舷外有源干扰是一种威胁较大的干扰。一般可以采用三方面对抗措施：

（1）相参雷达导引头可以采用脉冲压缩技术和发射功率管理技术，减小发射脉冲峰值功率，降低被舰载侦察雷达截获的概率；

（2）舷外有源干扰较难模拟目标的尺寸信息，雷达导引头可利用距离高分辨技术来检测目标的尺寸从而识别和对抗舷外有源干扰；

（3）真实舰艇目标在回波特性上会存在一定的起伏，舷外有源干扰更为稳定，可以利用信号起伏特性实现对舷外有源干扰的对抗。

在提高单模制导体制抗干扰技术的同时，采用双模复合和多模复合的制导体制可以有效提高导引头对干扰环境的适应能力，如主/被动雷达复合、被动雷达/红外成像复合、主动雷达/红外成像复合等。此外，利用回波和干扰的极化散射信息差别也是抗干扰的有效手段，利用相控阵天线技术可以使天线方向图零点对准干扰信号来袭方向，可以有效衰减干扰信号的能量。

(二) 对陆攻击导弹对复杂战场环境的适应性

对陆攻击导弹以光学成像制导为主，包括自主寻的光学成像制导和"人在回路"光学成像制导，本节主要介绍光学成像制导可以采取的抗干扰措施。

1. 对自然环境的适应性

雨、雾、雪、沙尘等根据其大小或浓度的不同会造成能见度不同程度的下降，因此在恶劣天气条件下，光学成像导引头的图像对比度急剧下降，严重时无法探测到目标。所以，在实际作战时，应尽量避免在十分恶劣的气象环境下使用光学成像制导的导弹；或者通过任务规划，调整飞行弹道，尽量削弱天气影响，如在云层较低时避免使用高空飞行弹道。

强烈的太阳光对光学成像制导系统的影响较大，在正逆光条件下目标淹没在背景中，光学成像制导系统无法检测目标。为了避免这种情况的出现，可以通过合理规划弹道，使导弹末段飞行方向与太阳光入射方向有一定夹角，避免光学成像制导系统在正逆光条件下使用。

对于红外成像制导来说，大气湿度是较为关键的环境因素之一。在湿度较低时，中波红外（$3\mu m \sim 5\mu m$）与长波红外（$8\mu m \sim 12\mu m$）均能正常工作，但在高温高湿条件下，长波红

沙尘

强烈的太阳光影响目标检测

外受水气的吸收较严重,其作用距离会急剧下降。因此,在高湿度环境条件下应避免使用长波红外成像制导的导弹。

2. 人为干扰的适应性

1)抗烟幕干扰

烟幕干扰对光学成像制导系统起遮蔽作用,因此系统自身难以抗烟幕干扰。不过由于烟幕干扰一般在目标前方实施干扰,根据这一特点,导弹武器系统可采用智能控制,实现弹道在线实时规划,当发现目标区域有烟幕干扰时,改变飞行弹道,从烟幕圈外围绕过,为光学成像制导的可靠工作创造条件,进而实现对目标的精确打击。

施放烟幕干扰

2）抗伪装干扰

伪装干扰主要包括假目标欺骗、人工遮障伪装、涂覆伪装。主要采取的措施包括采用多波段制导技术、激光主动成像制导技术。

人工遮障伪装

（1）多波段制导技术。利用目标和干扰在不同波段中辐射特性的差异来鉴别目标，可识别伪装，排除干扰。

（2）激光主动成像制导技术。激光主动成像制导具有窄波束、窄视场、高分辨率的三维图像特性，其回波特性与被照射物体的材质有关，通过适宜的信号处理，可以较好地鉴别真假目标，对伪装和背景干扰具有较强的抑制能力。

3）抗定向红外干扰

多模复合制导是一种有效的抗定向红外干扰技术。光电干扰技术的发展，使得单一模式的寻的武器将难以胜任未来作战的需要，而多模制导系统则可根据目标施放光或电的干扰情况，自动切换制导模式，增强抗干扰能力。

4）抗红外诱饵干扰

光学成像自动目标识别技术及"人在回路"技术是比较有效的抗红外诱饵干扰方法。弹上使用先进的光学成像自动目标识别算法可以根据目标特有的红外纹理特征来分辨目标与红外诱饵干扰；在采用人在回路技术的导弹中，操作人员根据导弹传回的图像识别目标，并人工操作导弹对目标进行锁定，引导导弹飞向指定目标。这两种技术可有效地提高在红外诱饵干扰下的目标识别概率。

舰艇施放红外诱饵干扰

（三）反辐射导弹对复杂战场环境的适应性

反辐射导弹以被动雷达制导为主，本节主要讨论被动雷达制导的抗干扰措施。

1. 对自然环境的适应性

云、雨、雾、雪会引起雷达信号的能量衰减，缩短被动雷达导引头的作用距离，且频率越高，影响越大。

地理环境复杂的条件下，地表起伏和雷达周围建筑等引起雷达信号的多路径效应非常明显。通过规划飞行弹道，采用从高空大角度俯冲攻击的方式，可以较为有效地降低多路径效应。

2. 对人为干扰的适应性

1）抗雷达关机

当雷达关机以后，被动雷达导引头接收信号中断而丢失目标。为了有效对抗短时间雷达关机，被动雷达导引头通常采用记忆的方式，也就是在丢失目标时刻，记忆目标的角位置信息，导弹根据记忆的信息继续飞行。

对抗雷达关机也可以采用主/被动雷达复合制导和被动雷达/红外成像复合制导等方式。当目标雷达关机以后，导引头虽然丢失了目标雷达信号，但可以利用主动雷达或红外成像部分继续跟踪目标。

2）抗诱饵

雷达诱饵系统通常放置在被保护雷达周围 1km 的范围内，诱饵发射的信号和雷达信号在形式上一致，到达被动雷达导引头处的时间也基本一致，从而达到保护雷达的目的。但是诱饵系统通常体积小、辐射功率仅相当于被保护雷达的副瓣功率，一般采用宽波束定向辐射信号的方式或多个诱饵组成全向辐射信号，辐射信号功率随时间基本固定不变。由于目标雷达要侦察、探测空中目标，一般工作在边跟踪、边搜索状态，被动雷达导引头接收到的信号能量不仅随距离变化，而且随时间起伏。从而可以利用信号功率起伏变化特征，鉴别目标雷达和诱饵。

目标雷达与诱饵在空间上总有一定间距，随着反辐射导弹与目标雷达的距离越来越近，雷达与诱饵之间的夹角也会越来越大。通过提高被动雷达导引头的角度分辨力和测角精度，并利用信号起伏特性，可以在导弹飞行末端将目标雷达和诱饵分辨开。

另外，根据被保护雷达和诱饵在体积和形状上差异较大的特点，也可以采用复合制导方式，如主/被动雷达复合制导、被动雷达/红外成像复合制导，利用主动雷达或红外成像导引头探测是否为诱饵。

三、飞航导弹适应复杂战场环境的战术措施

飞航导弹的复杂战场环境适应能力不仅与制导技术有关，还与导弹的作战使用有关。例如，由于技术体制的限制，飞航导弹光学制导系统在逆光工作时成像质量将大大下降；单一频段雷达导引头容易受到有源干扰机的干扰等。如果单纯采取技术措施，对抗上述干扰往往代价很大；而如果同时采取适当的战术对抗措施，往往可以取得事半功倍的效果。

1. 利用任务规划，使导弹隐蔽飞行，降低预警时间和受干扰的概率

任务规划是提升飞航导弹突防性能的重要组成部分。任务规划系统可

以根据战场态势和有关约束条件，通过科学的设计，使飞航导弹沿着优化、隐蔽的航路飞向预定目标，从而缩短敌方干扰预警时间，降低我方导弹受干扰的概率。

在海湾战争中，美军所有的参战部队和一些多国部队就广泛使用了战术任务规划系统，"战斧"导弹利用任务规划系统可在飞行中重新编程，攻击备选目标；也可改变飞行方向，攻击其他目标。

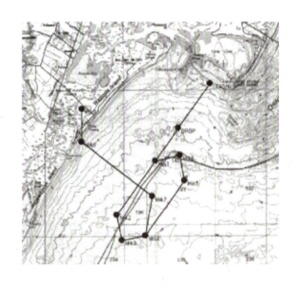

美军巡航导弹任务规划路线图示例

巡航导弹飞行航迹示意图

2. 不同制导体制、不同工作频段的导弹组合使用，提高飞航导弹整体抗干扰能力

由于电子对抗具有较强的针对性，针对飞航导弹的电子干扰措施往往只能对某个频段和某种体制的制导系统形成有效干扰。例如，箔条干扰和角反射体干扰对雷达制导系统构成较大威胁，但对光学制导系统几乎不构成干扰；烟幕干扰对光学制导系统干扰效果较好，但对雷达制导系统基本不构成挑战。因此，采用多频段、多体制制导的飞航导弹对敌目标进行协同攻击，可以发挥不同工作频段、不同制导体制的优势，使敌人的电子对抗防御系统顾此失彼。

3. 采取多方向、迂回攻击等战法，从干扰强度较弱的方向实施攻击

复杂战场环境是一把"双刃剑"，一方面，它能够限制敌方防御系统的使用，但是另一方面，它也对己方飞航导弹的突防造成了许多不利影响。因此，要把握战争主动权，就必须擅长化不利条件为有利条件，在复杂战场环境中杀出一条通往胜利之路。例如，对抗反舰导弹的箔条干扰效果受风的影响较大。一般说来，敌舰在遭遇反舰导弹时，为了让箔条云尽快引偏反舰导弹会采用顺风发射箔条弹、逆风规避的战术；这时，如果另一发

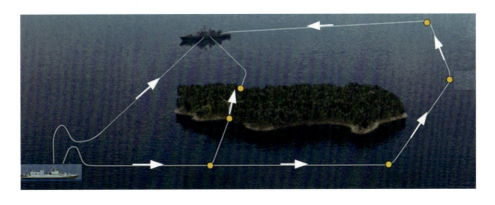

反舰导弹多方向迂回攻击示意图

反舰导弹沿着顺风方向对敌方军舰进行攻击，由于箔条云在舰船的后面，对抗成功而命中军舰的概率就要大得多。同理，被掩护平台所施放的烟幕干扰往往只在一定方向上产生遮挡效应，飞航导弹可以通过任务规划适时改变飞行航迹，避开烟幕的干扰而对敌方进行精确打击。

另外，飞航导弹由于受到干扰而飞过预攻击目标后，还可以采取迂回攻击策略，对预定目标进行二次甚至多次攻击，增加命中目标的概率。

4. 运用多弹饱和攻击策略，使敌无招架之力

随着防空反导手段的增多，敌方反导能力不断增强，飞航导弹的突防能力受到很大限制，飞航导弹在整个突防过程中将面临着防御武器系统多层次、多批次的拦截和干扰，导致单枚飞航导弹的突防概率明显降低。为提高飞航导弹的攻击效果，对目标实施饱和攻击是经常采用的一种战术方法。饱和攻击战术是在齐射战术基础上发展起来的，即在同一时刻或一定时间范围内，到达目标的导弹数量大于其可抗击的导弹数量。饱和攻击应用对象是对战争胜负或战略态势有重大影响的目标，通过合理的协同指挥，以系统的优势压垮对手，使敌防御系统进入顾此失彼的混乱状态。

飞航导弹饱和攻击的协同样式总体包括以下四个方面：时间上的协同、空间上的协同、

功能上的协同和平台的协同。时间协同,即多弹同时发射,或在不同时间从不同地点发射但同时到达目标,从而达到多弹同时突防的目的;空间协同,即从不同方向进入同时突防,或从低、中、高空实施突防;功能协同,即领弹及攻击弹的协同,高价值和低价值武器的协同等(即先用低价值的武器消耗敌人防空火力和有限的舰载干扰装备,如箔条弹、角反射体等,然后用高价值的武器实施下一轮的精确打击);平台协同,即从不同平台、在不同时间发射导弹,以达到同时突防的目的。

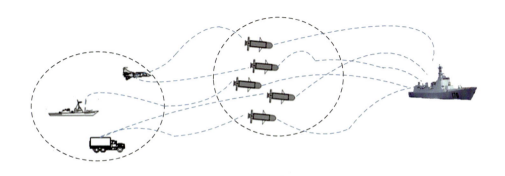

对舰船进行饱和攻击示意图

多弹饱和攻击

四、飞航导弹实战运用与启示

（一）越南战争中"百舌鸟"反辐射导弹的荣与辱

在越南战争中，美越双方开展的电子对抗较量可谓是"道高一尺，魔高一丈"。

1965年3月2日，美国空军在空袭中使用了反辐射导弹"百舌鸟"，摧毁越军地面防空雷达，几周的时间内，越军雷达损失空前。不过，越军很快找到了对付"百舌鸟"的办法。3月

"百舌鸟"反辐射导弹

16日，当"百舌鸟"再次进行攻击时，越军雷达操作手迅速关掉雷达高压，雷达天线顿时再无电磁波辐射，已是离弦之箭的"百舌鸟"突然失去了电波的引导，便像无头苍蝇一样偏离目标、漫无目的地飞行，最后自爆身亡。

针对越军的"关机"战术，美军给"百舌鸟"加装了记忆电路，当对方突然关闭雷达高压，记忆电路就会控制导弹按原航向飞行。1966年6月，当越军面对"百舌鸟"来袭再次使出断高压的看家本领时，却发现这一招已经不再灵验，"百舌鸟"在记忆电路的制导下，直冲而下，准确击毁目标。此次战役美军摧毁了90%的攻击目标。

1967年4月20日，越军采用了对付"百舌鸟"的新招数：使用两部制式一样的制导雷达同时快速开机，在空中形成干涉现象，在两部雷达中间区域信号得到加强，致使"百舌鸟"命中点大多处在两部雷达之间，无法命中雷达目标。

◆ **思考与启示**

（1）越军在遭受"百舌鸟"的沉重打击后，很快便找到了针对性的对抗措施——关机。对于采用被动雷达制导的反辐射导弹来说，该措施简单而又十分有效，使当时先进的反辐射武器难以发挥作用，抑制了美军的空中压制能力。可见，奏效的对抗措施未必复杂！

（2）美军仅用一年的时间就成功改进了"百舌鸟"导弹，加装抗关机记忆电路后，越军的关机措施不再灵验，"百舌鸟"再整雄风。真是"没有抗不了的干扰"！

（3）"没有干扰不了的雷达"！越军变换战术，使用两部相同的地面雷达同时工作，迫使"百舌鸟"导弹的被动雷达导引头跟踪其合成中心，从而使"百舌鸟"导弹无法命中目标。越军维护了生存力，保存了战斗力。

（4）对抗的双方在实战中检验装备，在斗争中发展技术。

（5）简单的战术可以对抗复杂、先进的技术。电子对抗的双方要比技术，更要比战术。

（二）中东战争中被干扰的"冥河"舰舰导弹

1967年第三次中东战争中，埃及向以色列舰船发射了6枚苏制"冥河"舰舰导弹，全部击中以军舰船。这是海战史上首次使用舰舰导弹。然而，6年后的1973年，即第四次中东战争中，埃及发射了50枚"冥河"导弹，竟无一命中目标，原因是以军施放了大量的箔条干扰和强烈的有源电子干扰。"冥河"导弹像被人摘去了双眼，一个个毫无目标地栽进了大海。以色列研究使用了舰载干扰措施，改写了"冥河"导弹百发百中的记录。

◆ 思考与启示

（1）以军及时总结第三次中东战争中舰船

"冥河"反舰导弹

被击沉的惨痛教训，挖掘失败的根源，在美国的援助下，更新了装备，改变了战术，在第四次中东战争中漂漂亮亮地打了一个翻身仗。相反，埃军没有在第三次中东战争后及时改进导弹装备，导致"冥河"导弹在第四次中东战争中遇到了"克星"，从昔日的顶峰跌入了谷底，其百发百中的记录也成了永久的历史，埃军惨遭失败也是情理之中的事了。试想，如果埃及在第三次战争后，及时改进"冥河"导弹的制导体制或工作频率，或者采取先进的抗干扰措施，或许战争的历史就要改写了。

（2）"失败"并不是最可怕的，最可怕的是"不思进取"。只要积极思考、找准失败的原因，采取有效的措施，"胜利"终究属于进取者。

（3）导弹一旦投入使用，其基本性能，特别是导弹的制导方式、工作频率等重要参数就已经透明，敌方就有可能研制出针对性强的干扰措施。因此，导弹的制导体制应当多样化，工作频率和信号形式可变，抗干扰措施需要不断改进更新。

（三）英阿马岛战争中"飞鱼"力克大型军舰

1982年4月2日，在英国和阿根廷之间爆发了马尔维纳斯岛海战（简称马岛战争）。这是第二次世界大战以来，规模最大的一次海战。在这次冲突中，阿军的"超级军旗"飞机成功避开英舰雷达的监视，根据P2-V侦察机测定英"谢菲尔德"号军舰的精确位置，超低空进入并发射一枚"飞鱼"导弹，将价值两亿美元的"谢菲尔德"号军舰葬入海底。这一事件不仅使英国人为之震惊，也引起世界各国军事家的极大关注。根据资料报道，除了阿军采取的有效战术之外，还有一个重要原因，那就是"谢菲尔德"号军舰的舰载警戒雷达与其通信频率冲突，"飞鱼"来袭之前，正值通信之时，雷达被迫处于关机状态，没能提前预警，当英军的肉眼发现来袭导弹时已经无回天之力，"谢菲尔德"号难逃噩运。此外，"谢菲尔德"号军舰上的UAA-1电子战支援系统，没有对"飞鱼"导弹上的雷达末制导导引头信号进行告警，也是导致"飞鱼"导弹准确命中目标的一个重要原因。

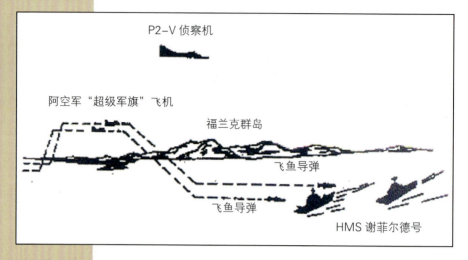

1982年英阿海战攻击剖面图

超级军旗飞机及其挂载的"飞鱼"导弹

法国"飞鱼"反舰导弹

不过,"谢菲尔德"号驱逐舰的沉没并不意味着"飞鱼"导弹不能被防御。5月25日,阿根廷的"超级军旗"飞机用同样的战术向英国特遣分队的"赫尔墨斯"号航空母舰发射了2枚"飞鱼"导弹。配置在"赫尔墨斯"号周围的护卫舰及时发现了前来实施攻击的飞机,并立即发射大量箔条弹。箔条形成的假目标欺骗了"飞鱼"导弹上的主动雷达导引头,并使之偏离目标。也许是英国特遣队运气不佳,其中一枚因失去目标在低空徘徊的导弹,突然飞向毫无电子对抗自卫能力的"大西洋运输者"号运输船,并使其严重损伤,最后沉没。

◆ 思考与启示

(1)"超级军旗"飞机和"飞鱼"导弹良好的技术性能,为阿军实现战术意图提供了根本保障。通过良好的战术使用,技术成果起到了事半功倍的效果。

(2)箔条等电子对抗措施是对抗导弹雷达导引头的有效措施,但其效果如何还要取决于战术应用。

（3）"战术"与"技术"永远是一对"孪生兄弟"。任何一种武器都有相应的战法。只有适宜的战术，才能将作战武器的效能发挥到淋漓尽致。因此，"战术"研究与"技术"研究应当加强交流，密切合作，为同一个目标从不同的角度有机融合，最大限度地提高武器装备的作战效能。

"谢菲尔德"号军舰

(四)"草原烈火"行动中的"哈姆"首战"萨姆"

1986年3月23日,美军空袭利比亚西德拉湾(代号"草原烈火"行动),正是在这场战役中,"哈姆"高速反辐射导弹与"萨姆"导弹进行了首次对抗。"萨姆"-5导弹发射前需要靠地面雷达系统提供打击的目标,因此导弹配备了地面雷达站。利比亚军队在湾口布置了三个"萨姆"-5导弹基地,形成了交叉火力网。不过,美国的电子战飞机成功地对"萨姆"-5导弹实施了电子干扰,发射的数枚"萨姆"-5导弹并没有击中美国的战斗机,而是偏离攻击方向,掉进地中海。同时美军向导弹阵地发射了"哈姆"空地反辐射导弹,准确地击中了雷达站,"萨姆"-5导弹就像是被打瞎了眼睛,再也没有还手之力。

◆ **思考与启示**

(1)这是一个典型的电子战战例,美军利用飞机和反辐射导弹实现了侦察与干扰、软杀伤与硬毁伤的有机结合。

(2)"战略"再好,如果没有良好的技术支撑,终会成为虚幻的空中楼阁。利军的交叉火力网,由于缺乏抗干扰能力,受到美军猛烈的电子干扰后,面对美军先进的战斗机也只能"望机兴叹",束手就擒。

发射中的"哈姆"导弹

"萨姆"-5导弹

（3）没有抗干扰措施的武器装备，在现代化战争中就没有生存能力，只能处于被动挨打的位置。可见，加强飞航导弹武器系统抗干扰技术的研究是何等的重要！

（五）利比亚战争中"捕鲸叉"飞跃"死亡线"，直击导弹巡逻艇

1986年，卡扎菲宣布北纬32°30′为"死亡线"，声称只要美国军舰和飞机胆敢越过这一界限，就会遭到利比亚的反击。美国抓住这一时机，对利比亚实施打击。

1986年3月24日，2架A-6E攻击机悄然从"萨拉托加"号航母起飞，扑向一艘利比亚的巡逻艇，并向其发射了2枚"捕鲸叉"反舰

导弹。只见"捕鲸叉"反舰导弹像流星一般划破夜空,向海面俯冲,然后紧贴海面,以迅雷不及掩耳之势飞向目标。一声巨响,导弹在利比亚法制300多吨的"战士"-1号导弹巡逻艇的右舷上爆炸。

其实,利比亚"战士"-1号导弹巡逻艇也曾试图接近美国舰队,用导弹进行攻击。但利比亚的反舰导弹射程近,仅是"捕鲸叉"导弹射程的一半,所以小艇还没接近美舰时,就被美军的"捕鲸叉"导弹击沉了。

美军的武器是瞄准敌人的武器性能而发展的,其射程的要求是"我的武器能打到你,而你的武器够不着我",这就是美军的所谓"避开战术"原则。利比亚导弹够不着美舰,而美军的导弹可以轻松地攻击利舰,在这种情况下,利比亚军舰也就只好退守阵地了。结果在这场战斗中,利比亚3艘导弹巡逻艇被击沉,1艘受重创。

◆ 思考与启示

(1)知己知彼百战不殆,了解敌方的武器性能,采用合理的战术,才能打赢战争。

(2)必须研制高性能的武器装备,才能掌握战争的主动权,才能取

"捕鲸叉"反舰导弹

得战争胜利。利比亚"战士"-1号导弹，由于射程较近，不能对美舰实施攻击，只能被动挨打，损失惨重。

（六）两伊战争中角反射体对抗反舰导弹

1987年9月，两伊战争进入一个新的阶段，伊朗开始从奥半岛发射"冥河"导弹的改进型，对进出科威特石油港口的油轮实施攻击。10月22日，一枚导弹直接击中设在海岛上的科威特石油装载设施，1100磅（1磅≈453.59克）的弹头爆炸严重损坏了一座石油装载设施，并引起一场大火。美国为了自身利益，指令海军研

"冥河"反舰导弹

充气式角反射体

究实验室尽快研制出一种对抗伊朗反舰导弹的设备。

美国海军实验室迅速设计出一个边长 3m 的角反射体,安装在已报废的驳船上。1987 年 12 月 7 日,伊朗发射一枚反舰导弹攻击科威特的一个油泵,结果这枚反舰导弹飞向并击中距油泵 1.8km 处的一艘装有角反射体的驳船。

◆ 思考与启示

(1)不具备抗干扰能力的导弹难以适应当今的高技术战争。曾经百发百中"冥河"导弹,在一个边长 3m 的角反射体面前黯然失色。

(2)针对特定导引头,实施相应的干扰,可以起到事半功倍的效果,美军设计的角反射体成为对付"冥河"主动雷达导引头的有力武器。

(七)海湾战争中"斯拉姆"导弹"百里穿洞"

1991 年海湾战争中,有个惊人的导弹攻击战例:一枚"斯拉姆"导弹从前一枚导弹炸开的洞中钻了进去,成功实施"挖心"攻击术。

海湾战争中,美国海军的一架 A-6E 重型攻击机和一架 A-7E 轻型攻击机,奉命从位于红海的"肯尼迪"号航空母舰上起飞,轰炸伊拉克的一座水力发电站。

A-6E 攻击机在距水力发电站 100km 时，发射了一枚"斯拉姆"空地导弹。由于当时这种"斯拉姆"导弹还处于研制中，所以它发射后由一架 A-7E 攻击机进行间接制导，也就是导弹导引头的红外成像寻的系统搜索捕获目标，并将探测到的目标区红外图像信息，通过数据传输装置发回给跟踪引导的 A-7E 飞机上的飞行员，由飞行员根据实时红外图像选定目标要害部位，再通过遥控引导导弹的导引头锁定目标。这一枚导弹准确命中水力发电站的动力大楼。2min 后，A-6E 攻击机又发射 1 枚"斯拉姆"空地导弹，仍由 A-7E 攻击机负责间接制导，这枚导弹从第一枚导弹所击穿的弹孔中钻了进去，彻底摧毁了水力发电厂的内部设备。

"斯拉姆"导弹

◆ 思考与启示

（1）中国古代曾有百步穿杨的典故，海湾战争中上演了"斯拉姆"导弹"百里穿洞"的精彩演出，导弹技术的精确程度令人折服。

（2）这是"斯拉姆"首次实战考验。海湾战争中，美军共使用7枚"斯拉姆"导弹，其中4枚命中目标。经实战发现"斯拉姆"导弹也存在一些技术缺陷，促使后来对它不断进行技术改进。

（3）采用飞航导弹准确命中目标，极大地减少了附带破坏和无辜百姓的伤亡。

（八）海湾战争"幼畜"导弹大显神威

1991年的海湾战争中，美国共部署了136架A-10"雷电"式攻击机，该型攻击机一共发射了5296枚"幼畜"空地导弹。"幼畜"导弹的头部安装的导引头有3种：电视导引头、激光导引头和红外成像导引头。其中，用得最多的是红外成像导引头，它特别善于在夜间攻击目标。

"幼畜"导弹

海湾战争时的中东地区，举目望去，广阔的沙漠中到处是伊军掩藏在沙丘中的坦克和火炮，它们只露出炮塔，并在周围垒起沙袋或用沙堤围住。但是，在红外成像制导导引头的"眼"里，车辆与周围沙土存在温差，使其在荧光屏上呈现出白色或黑色。正是在这种"千里眼"的引导下，"幼畜"导弹一发射，十有八九会击中目标。美军的第355战术战斗机中队（编制A-10"雷电"式攻击机24架），在一次夜间行动中一次就击中了伊军24辆坦克。

◆ 思考与启示

（1）根据作战环境选择合适的制导方式对打赢战争具有至关重要的作用，美国采用红外成像制导的"幼畜"导弹，不仅适于夜间行动，而且能够"看到"伊军掩埋在沙丘下的武器装备。

（2）干扰与抗干扰是一对矛盾，加强导弹武器研制的同时，也要注意加强干扰对抗措施的研究。伊方在对武器进行掩埋的同时，若能对采用红外成像制导的"幼畜"导弹施加干扰，那么"幼畜"导弹的命中概率会大大降低。

（九）海湾战争中巡航导弹"对症下药"，威震四方

1991年1月16日，美国战略空军的7架轰炸机向伊拉克方向飞去，飞行35h，航程约1万km后到达预定作战区域。随着领队一声令下，35枚常规型空射巡航导弹向伊拉克重要目

标——通信枢纽、预警中心、发电厂、电力输送网等飞去，约半小时后命中目标。几乎与此同时，从游弋在波斯湾和红海的美国海军战列舰、巡洋舰、驱逐舰和潜艇上发射的首批52枚海射对陆常规型"战斧"巡航导弹，除一枚滞留于发射器成哑弹外，全部命中包括伊拉克国防部大楼在内的伊方许多重大战略目标。在整个海湾战争中，美军共发射288枚海射"战斧"巡航导弹和35枚空射巡航导弹，导弹的高精度和高破坏力给伊拉克以沉重打击。

海湾战争中，美军巡航导弹所使用的战斗部有4种：碳纤维战斗部、大功率微波战斗部、高爆炸力战斗部和子弹药布撒型战斗部。4种战斗部各有所长，依据所要攻击的目标对象，选择相应的战斗部，真正体现了"对

可装7枚"战斧"导弹的垂直发射装置

"战斧"巡航导弹

症下药"的配方准则。

◆ **思考与启示**

（1）巡航导弹在海湾战争中的成功应用，并通过新闻媒体的大量报道，如今几乎已经家喻户晓。这是导弹史上具有划时代意义的重要里程碑，充分展现了常规巡航导弹在核威慑条件下的巨大作用和潜力。

（2）根据打击目标的不同，选择不同的制导方式、不同的战斗部，做到"对症下药"，对于提高作战效率具有重要作用。

（十）科索沃战争中陷于被动的"战斧"巡航导弹

科索沃战争中，美军使用的是 Block3 型 BGM-109C/D "战斧"巡航导弹和 Block1 型 AGM-86C 空射巡航导弹，综合采用了惯性导航、地形匹配、数字景象匹配、GPS 定位及红外成像末制导技术。但由于科索沃地形复杂，加上当时的气候条件也不好，多雨多雾，造成巡航导弹任务规划困难，大大增加了巡航导弹的使用难度。在勉强能够使用的地域和天候里，南联盟还曾利用燃烧废旧轮胎的办法对巡航导弹进行干扰，使其数字景象匹配系统丧失作用。

◆ **思考与启示**

（1）任何一种武器都不是万能的，都有其局限性。美军的"战斧"巡航导弹威震四方，但在使用时需要进行地形匹配和光学景象匹配，

"战斧"巡航导弹

以修正因惯导漂移所造成的弹道偏差。地形匹配用于飞行中段,需要一段长度合适的地形起伏区域方能做匹配区。光学景象匹配用于末段,定位精度要求更高,需要一定面积且特征丰富的平地做匹配区,并且受雨、雪和雾的影响较大。科索沃复杂的地形和较恶劣的气候条件影响了"战斧"的使用,也正暴露了"战斧"巡航导弹不足的一面。

（2）任何一项技术都有其局限性,任何一种制导体制都有其适用条件,因此一型导弹多种制导体制（导弹按照制导体制系列化发展,以分别适应不同的作战环境）,是一条增强导弹武器系统整体适应能力的有效途径。

（十一）伊拉克战争中的沙尘暴和烟雾致美英误伤

伊拉克战争中,沙尘暴和石油燃烧产生的烟雾等自然环境和人为干扰对美军产生过严重的影响。2003年3月18日至3月29日,首都巴格达地区已出现5次沙尘暴,遮天蔽日的黄沙,使开往巴格达的美军第3机械化步兵师举步维艰。此外,在3月23日,伊拉克点燃了装满石油的壕沟,企图干扰美英飞机的空袭,分布在城市周围和市中心不同地方的壕沟里腾起黑黑的烟柱,向空中升去。沙尘

电子侦察机

预警机

伊拉克点燃了装满石油的壕沟

暴和烟雾不但影响部队战术行动和战斗力,更为严重的是,由于沙尘暴恶劣气候和烟雾的影响,美英部队多次出现误伤,发生了令人震惊的美军导弹误伤英军飞机、"爱国者"导弹基地被F-16战机误炸等一系列误伤事件。

◆ 思考与启示

(1)燃烧石油产生的烟雾和沙尘暴对红外、电视、激光等制导系统形成了严重干扰,导致导弹作战效能严重降低,还屡次误伤己方部队,这说明了任何制导系统的使用都具有一定的环境局限性。

(2)烟雾和沙尘暴对红外、电视、激光等光电制导系统的干扰比较有效,但对雷达制导系统的干扰就差强人意。反之,箔条、有源干扰等对雷达制导系统干扰比较有效,但对红外、电视、激光等光电制导系统的干扰效果就比较差。如果采用光电和雷达复合制导系统,就可以弥补单模制导系统的不足,有效提高制导系统的抗干扰能力。

(十二)伊拉克战争中 GPS 干扰与 GPS 制导导弹的博弈

在2003年的伊拉克战争中,伊拉克使用了据说是从俄罗斯购进的GPS干扰系统,对美国发射的GPS制导导弹实施干扰,使部分攻击伊拉克重要军事目标的精确制导导弹偏离了轨道。美英联军每天都要发射上千枚精确制导导弹，而且很多导弹都是针对萨达姆藏身之处发射的，但始终没有伤到萨达姆一根毫毛，这让美军自己也对其精确制导导弹的攻击效果产生了怀疑。不过，美军在3月26日的作战中声称击毁了伊军的6部GPS干扰设备，之后，GPS制导导弹又重新开始显示出巨大的威力。

◆ 思考与启示

（1）GPS系统接收灵敏度高、波束角度宽、频率固定，容易受到干扰，因此GPS制导导弹面临的干扰威胁很大，通过实施电子战可以有效对抗使用GPS制导系统的精确制导武器。

（2）美军在用导弹将GPS干扰设备摧毁后，GPS制导导弹又重新大显神威，这说明电子对抗具有很强的针对性。

采用GPS制导的美国空射巡航导弹

第五章 发展前景展望

05

一、需求牵引飞航导弹的发展

二、技术推动飞航导弹的发展

一、需求牵引飞航导弹的发展

全球范围内的军事变革正在迅猛发展，以信息技术为核心的高新技术发展使战争形态由机械化战争转化为信息化战争。飞航导弹具有命中精度高、附带破坏小、打击强度大等优势，既可以作为战略进攻的锋芒利刃，又可以作为退守防卫的坚固防盾，在现代化战争中发挥着极其重要的作用。为了夺取信息优势、实现全方位精确打击，飞航导弹必须能够做到远距离精确打击、多功能、多用途等，正是这种迫切的军事需求，牵引着飞航导弹不断发展进步。

1. 远距离精确打击

当飞航导弹射程达到4000km时，就可以从公海攻击世界上任何陆地目标。因此，未来

"战斧"Block4巡航导弹

战争要求飞航导弹具有大射程,能实现远距离纵深打击。目前,美国"战斧"Block 4 巡航导弹射程已达 3000km,"空射巡航导弹"计划增程到 2500km,俄罗斯新型战略巡航导弹射程或为 5500km。

2. 多用途、多功能

未来战争要求飞航导弹向多用途、多功能方向发展。飞航导弹打击的目标多种多样,目标特性差异大,未来飞航导弹需要具备多目标攻击能力,可攻击地面目标、水面舰艇与潜艇、空中慢速目标、各种电子战目标等;飞航导弹能够集电子侦察(对目标源的发现和锁定)、目标杀伤(主动电子压制、直接摧毁)、毁伤评估(评估威胁的毁伤程度)、协同作战(弹间的数据通信,决策信息传输)等功能于一身。

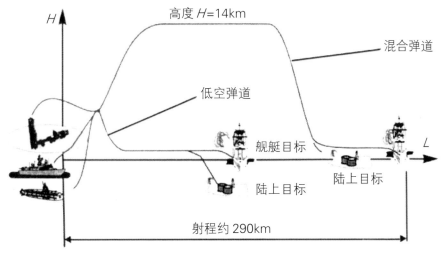

俄罗斯"宝石"超声速多用途导弹攻击方式

3. 亚、超声速协调发展

未来战争不能只依靠某一种导弹,必须多种类型的导弹综合使用,发挥各自的长处,才能取得事半功倍的效果。这就要求各种类型的导弹协调发展,其中一个重要的方面便是亚声速导弹和超声速导弹的协调发展。低空亚声速飞航导弹综合突防能力是飞航导弹有效攻击的前提,未来作战环境中,对抗环境极为恶劣,飞航导弹需要采用隐身、抗干扰、任务规划、机动弹道、多弹协同攻击等技术,提高导弹的突防能力,这就要求低空亚声速飞航导弹朝高性能方向发展。同时,临近空间飞行的超声速飞航导弹是实施远程快速精确打击的重要手段,具有高空高速飞行、弹道全程机动

布拉莫斯－Ⅰ
超声速导弹

布拉莫斯航空公司对布拉莫斯－Ⅱ
高超声速导弹的构想图

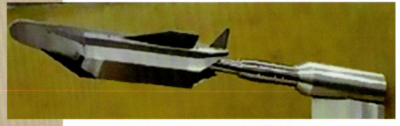

印度高超声速试飞器风洞试验模型

的特点,具备较高的突防能力,大多数反导武器难以对临近空间飞行的导弹实施有效拦截,因此高空快速飞行的超声速导弹是飞航导弹发展的重要方向之一。

4. 高精度、智能化

未来战争要求飞航导弹不仅能命中目标,而且要有选择性的打击重要目标,并具有打击目标要害部位的能力,而高命中精度正是飞航导弹实施"点穴"式精确打击的技术保证。目前,国外飞航导弹的命中精度已达到3m~5m,可以准确打击高价值点目标,美国未来"先进巡航导弹"的精度可以达到1m~2m。

同时,飞航导弹不仅要能实现精确打击目标,而且要有目标辨识、分选、丢失后再捕获等功能。因此,随着武器系统的不断升级,高度的智能化也成为飞航导弹发展的重要方向。

5. 复杂战场环境适应性

随着攻防双方电子对抗的不断加剧,电磁环境越来越复杂,飞航导弹的设计和使用不仅要考虑复杂的地理环境和气象环境,还要考虑日益复杂

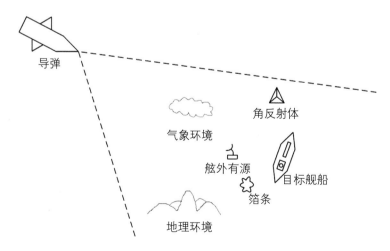

飞航导弹面临的复杂战场环境

的人为干扰环境。这就要求飞航导弹具备复杂战场环境适应能力，能够全天候、全天时、全空域作战。

二、技术推动飞航导弹的发展

新军事变革的滚滚洪流，对精确制导武器提出了更高的需求；现代科学技术日新月异，为精确制导技术的发展奠定了基础。"需求"与"技术"的高点结合，促使精确制导技术向更高的智能化程度、更强的环境适应能力等方向快速发展。

1. 雷达成像制导、相控阵雷达制导等新技术将得到广泛应用

雷达成像制导具有全天候、全天时工作，不受气动光学效应的影响等诸多优点，已受到各军事强国的青睐。北约早在20世纪90年代

相控阵雷达

就开始研究大斜视角条件下的合成孔径雷达成像制导技术。雷达成像制导可以分为主动雷达成像和被动雷达成像两种类型。被动雷达成像与红外成像相似，依靠多个单元扫描或凝视成像，目前还处于基础研究中。主动雷达成像包括距离一维成像、平面

相控阵雷达天线

二维成像和立体三维成像，其中距离一维成像可以由脉冲压缩雷达实现，技术已相当成熟。平面二维成像包括合成孔径雷达成像、逆合成孔径雷达成像、DBS 成像等，其中合成孔径雷达成像具有成像分辨率高、便于弹载应用等优点，已经成为当前雷达成像制导研究的热点。立体三维成像主要由干涉合成孔径雷达实现。

相控阵雷达主要利用多天线阵元进行空间相位合成，具有波束控制灵活、体积小、重量轻等优点。应用先进的信号处理技术，可以集多区成像、多目标跟踪、干扰与制导、制导与引信等多种功能于一身，并有利于提高抗干扰能力。随着小型化、低成本收发组件的普及，弹载相控阵雷达制导技术必将得到广泛应用。

2. 红外成像制导向大面阵、多波段（多色）和高光谱成像方向发展

随着技术的发展，大面阵红外探测器（如中波像素 640×512，1280×1024 等）已经能够成功制造和应用，这为实现大面阵成像制导奠定了基础。大面阵成像制导带来的好处是多方面的：在视场一定的情况下，成像分辨率可以进一步提高，从而可以获得更多的目标信息，更有利于自

动目标识别，提高智能化程度；在保持分辨率不变情况下，可以进一步扩大视场，便于实现捷联成像，对于进一步减小探测器的体积重量具有重要意义。

多波段（多色）复合制导，可以使导弹的导引头具有更强的环境适应能力。例如，长波大气穿透能力更强，但在高温高湿天气里，中波又好于长波，而中波红外成像系统受太阳光的影响又比长波严重的多。因此，如果将两者复合使用，可以取长补短，与单色相比，适应时段更宽，适应地域更广，抗干扰能力更强。

高光谱成像波带多、光谱分辨率高、相邻图像相关性高。在成像过程中，以纳米级的光谱分辨率，对感兴趣的目标在几十或几百个波带段同时成像，可以获得目标的连续光谱信息，实现对目标区域空间信息、辐射信息和光谱信息的同步获取。将高光谱成像应用于飞航导弹精确制导技术，可以获得更为精细的目标特性，

几种制导类型的环境适应能力

制导类型 \ 环境适应能力	干燥天气	高温高湿天气	受太阳光的影响	地面目标红外能量	战场硝烟穿透能力
中波红外	好	好	差	差	差
长波红外	好	差	好	好	好
中长波复合	好	好	好	好	好

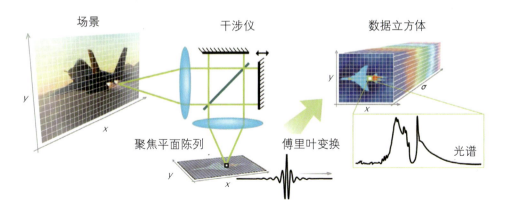

高光谱成像原理

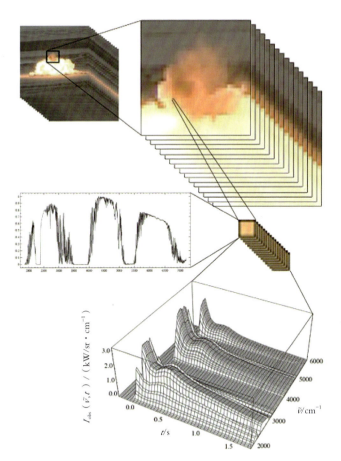

高光谱成像图像

有利于提高抗干扰和自动目标识别能力。

3. 激光主动成像制导在对陆攻击飞航导弹中得到更广泛的应用

激光主动成像制导由于具有目标分辨能力强、获取的目标信息多等优点，是精确制导技术发展的重要方向之一。同时，激光主动成像制导可以与红外被动成像制导复合，优势互补，获得较大的作用距离和三维成像能力，提高目标自动识别能力，同时具备反隐身能力。另外，激光主动成像制导可实现巡航导弹"三功能一体化"，即地形匹配时测高、地形跟踪时前视测距与测角、末制导时前视成像寻的制导，在减少设备装载量的条件下，进一步提高制导精度和环境适应性。

4. 波段跨度大、体制差异大的多模复合制导依然是研究的重点之一

随着战场环境越来越复杂，波段跨度大、体制差异大的多模复合制导在适应复杂战场环境方面突显出优势。因此，多模复合制导仍将是飞航导弹制导技术研究的重要内容之一，研究的重点将主要集中在小型化共口径集能器、信息融合处理等关键技术。

5. 多弹协同制导将成为后续研究的重点

未来战争不只是单一武器的对抗，而是趋

向体系化对抗。多种精确制导武器在同一作战区域内所组成的多弹协同作战体系具备网络化协同作战能力,将极大地提升单一武器的作战效能,降低作战成本。多弹协同制导作为多弹协同作战的一种分布式多模复合制导工作模式,将成为后续研究的重点。

双弹协同飞行

参考文献

[1] 中国航天工业总公司《世界导弹大全》修订委员会编.世界导弹大全.北京：军事科学出版社，1998.

[2] 黄瑞松.飞航导弹工程.北京：中国宇航出版社，2002.

[3] 刘隆和，姜永华.双模复合寻的制导技术.北京：解放军出版社，2003.

[4] Mweeill I.Skolnik.雷达手册.北京：电子工业出版社，2010.

[5] 高烽.雷达导引头概论.北京：电子工业出版社，2010.

[6] 张鹏，周军红.精确制导原理.北京：电子工业出版社，2009.

[7] 李云霞，等.光电对抗原理与应用.西安：西安电子科技大学出版社，2009.

[8] 钟任华，等.飞航导弹红外导引头.北京：中国宇航出版社，2006.

[9] 高社生，李华星.INS/SAR 组合导航定位技术与应用.西安：西北工业大学出版社，2004.

[10] 董长军，国立.霹雳神弹.北京：国防工业出版社，冶金工业出版社，2001.

[11] 郭剑.电子战行动 60 例.北京：解放军出版社，2007.

[12] 高建国，莫国民，常向阳.20 世纪十大电子战.北京：解放军出版社，2001.

[13] 杨春发，吴凤明，王孝华.20 世纪十大导弹战.北京：解放军出版社，2001.

[14] 刘桐林，等.高技术战争的撒手锏巡航导弹.北京：解放军文艺出版社，2002.

[15] 刘桐林，吴苏燕，刘怡.高技术战争中的精确打击空地制导武器.北京：解放军文艺出版社，2002.